大体积混凝土裂缝防治及诊断关键技术

李松辉 著

中国电力出版社
CHINA ELECTRIC POWER PRESS

内 容 提 要

本书系统地论述了大体积混凝土裂缝防治及诊断关键技术的最新研究进展，以工程实例阐述了混凝土坝防裂智能监控技术构成及应用，详细阐述了作者提出的基于泄流激励的水工结构损伤诊断方法，解决了大体积混凝土结构水下损伤识别难的技术难题。

本书适用于从事大体积混凝土施工及水工结构领域的科研人员使用，其他施工技术人员可参考使用。

图书在版编目（CIP）数据

大体积混凝土裂缝防治及诊断关键技术 / 李松辉著 .—北京：中国电力出版社，2017.12
ISBN 978-7-5198-0292-9

Ⅰ．①大… Ⅱ．①李… Ⅲ．①混凝土结构－裂缝－防治②混凝土结构－裂缝－处理 Ⅳ．① TU37

中国版本图书馆 CIP 数据核字（2016）第 321981 号

出版发行：中国电力出版社
地　　址：北京市东城区北京站西街 19 号（邮政编码 100005）
网　　址：http://www.cepp.sgcc.com.cn
责任编辑：孙建英（010-63412369）
责任校对：王开云
装帧设计：张俊霞　赵姗姗
责任印制：蔺义舟

印　　刷：北京雁林吉兆印刷有限公司
版　　次：2017 年 12 月第一版
印　　次：2017 年 12 月北京第一次印刷
开　　本：787 毫米 ×1092 毫米　16 开本
印　　张：9
字　　数：200 千字
定　　价：55.00 元

前　　言

　　大体积混凝土结构被广泛应用于水利水电工程、核电工程等基础设施建设中，尤以混凝土坝应用最为广泛。进入 21 世纪以来，中国已经成为世界高坝建设的中心（坝高位列世界前三的坝均在中国）。以二滩拱坝（240m）的建成为标志，已建成的如锦屏一级（坝高 305m）、小湾（292m）、溪洛渡（坝高 285.5m）、拉西瓦（250m）、构皮滩（232.5m）、龙滩（216.5m）、光照（200.5m）等高坝；正在建设中的白鹤滩（289m）、乌东德（270m）；计划建设的马吉（290m）、QBT（240m）等特高混凝土坝也将陆续开工，这些高坝的建成将对缓解我国电力紧张、解决水资源短缺问题发挥重要作用，具有重大的社会和经济效益。

　　大体积混凝土的裂缝问题是长期困扰工程界的难点之一。裂缝的出现会影响工程的安全性和耐久性，增加后期修补费用，带来经济损失和不利社会影响。温度控制是混凝土防裂的主要手段。虽然从 20 世纪 30 年代起，人们发展了一系列混凝土防裂措施，包括改善混凝土抗裂性能、分缝分块、水管冷却、混凝土骨料预冷、表面保温等，但"无坝不裂"仍是一个现实。近期建设的高混凝土坝多存在浇筑仓面大、混凝土标号高、筑坝条件恶劣等特点，这些特点增加了混凝土的开裂风险，提高了温控防裂难度，仅靠传统的防裂方式，已难以保证大坝不出现危害性裂缝。随着信息技术的发展，利用智能化技术进行大坝施工质量、施工期及运行期工作性态的监控已成为保障大坝安全的新手段。本书重点就混凝土裂缝防治技术进展进行了介绍。

　　混凝土出现裂缝等的损伤检测是指导缺陷处理的基本依据，在现有的结构损伤诊断方法中，从大类上讲可以分为有损检测和无损检测两种方法。有损检测方法因其会对建筑物结构产生一定程度的破坏，故不适宜于服役工程，其主要是应用于结构的故障解剖，以期详细研究损伤的产生及形成机理。鉴于大型水利水电工程结构昂贵的造价和结构在使用中不宜中断等特点，在役结构的安全评估方法首先应该是无损或微损的。常规的一些无损检测方法主要包括目测法、X 光检测、超声波检测、工业 CT 和热成像等，上述方法多不适用于水下结构或大体积混凝土结构。结构损伤将会引起结构刚度等物理参数的变化，实际表现为结构动力参数（如固有频率、振型、阻尼比等）的变化。本书基于此提出了泄流激励下水工结构的损伤诊断方法，成功解决了服役水工建筑物水下构件或隐蔽部位损伤诊断难的问题。

本书重点就大体积混凝土的裂缝成因、裂缝防治、裂缝诊断、裂缝处理四个方面进行了介绍，共分 6 章。第 1 章为概述；第 2 章介绍了裂缝成因及分类；第 3 章介绍了混凝土裂缝防治关键技术进展；第 4 章介绍了泄流激励下混凝土结构损伤诊断关键技术；第 5 章介绍了混凝土结构的常规的无损检测方法；第 6 章简要介绍了裂缝处理方法。

本书由李松辉撰写。参与本书编写工作的还有张夔、李玥、刘玉、王富强、林晓贺、张瑞雪、张通等。衷心感谢作者所在的中国水利水电科学研究院结构材料研究所研究团队各位领导、同事对我的支持和帮助。本书中泄流激励下水工结构的损伤诊断方法为作者在天津大学博士期间的研究成果，借此机会向所在天津大学的各位老师及同学给予的帮助表示由衷的感谢。

由于作者的学识和水平所限，书中难免存在疏漏和不妥之处，诚恳希望读者和专家批评指正。

李松辉

2017 年 8 月于北京

目　　录

前言

第1章　概述 …………………………………………………………………………… 1

　　参考文献 ……………………………………………………………………………… 4

第2章　混凝土裂缝成因及分类 …………………………………………………… 5

　2.1　裂缝成因 ………………………………………………………………………… 5

　2.2　裂缝分类 ………………………………………………………………………… 5

第3章　混凝土裂缝防治关键技术进展 …………………………………………… 7

　3.1　国内外研究现状 ………………………………………………………………… 7

　3.2　混凝土结构关键部位防治措施 ……………………………………………… 8

　3.3　高寒区混凝土降雪保温措施 …………………………………………………… 15

　3.4　小温差早冷却缓慢冷却 ………………………………………………………… 19

　3.5　"九三一"温控模式 …………………………………………………………… 20

　3.6　大体积混凝土防裂智能监控系统 ……………………………………………… 21

　3.7　本章小结 ………………………………………………………………………… 31

　　参考文献 ……………………………………………………………………………… 31

第4章　基于机器学习的泄流结构损伤诊断技术 ……………………………… 33

　4.1　总体思路 ………………………………………………………………………… 33

　4.2　国内外研究现状 ………………………………………………………………… 34

　4.3　信号预处理理论方法 …………………………………………………………… 41

　4.4　混凝土结构模态参数识别方法 ……………………………………………… 52

　4.5　基于模态参数识别的损伤诊断方法与技术 ………………………………… 84

　4.6　本章小结 ………………………………………………………………………… 115

　　参考文献 ……………………………………………………………………………… 117

第5章　混凝土结构无损检测技术 ………………………………………………… 121

　5.1　人工检查 ………………………………………………………………………… 121

　5.2　混凝土声波检测方法 …………………………………………………………… 122

　5.3　电磁波方法 ……………………………………………………………………… 123

　5.4　红外成像法检测技术 …………………………………………………………… 124

　5.5　X射线扫描法 …………………………………………………………………… 124

　5.6　探地雷达 ………………………………………………………………………… 125

　5.7　回弹法 …………………………………………………………………………… 125

  5.8 本章小结 ………………………………………………………… 126

  参考文献 ……………………………………………………………… 126

第 6 章 大体积混凝土裂缝处理关键技术 ………………………… 127

  6.1 表面处理 …………………………………………………………… 127

  6.2 灌浆处理 …………………………………………………………… 129

  6.3 抽槽回填混凝土 …………………………………………………… 130

  6.4 结构加固法 ………………………………………………………… 130

  6.5 混凝土置换法 ……………………………………………………… 133

  6.6 仿生自愈法 ………………………………………………………… 133

  6.7 本章小结 …………………………………………………………… 136

  参考文献 ……………………………………………………………… 136

第 1 章

概　　述

混凝土坝是坝工建设的主要坝型之一。我国已建和在建混凝土坝的数量及高度均居世界首位，特别是改革开放以来，一些高坝工程的设计建设和安全运行，标志着我国坝工技术整体上达到了国际领先水平。如坝高 305m 的锦屏一级拱坝、292m 的小湾拱坝以及 285.5m 的溪洛渡拱坝，其高度不但超过了世界最高的英古里拱坝（275m），也超过了世界最高的大狄克逊重力坝（286m），这些工程的建设规模和难度均居世界之最。

截至 2016 年，我国已建成 200m 以上的高坝九座（包括坝高世界排名前三的锦屏一级、小湾及溪洛渡高坝），"十三五"期间，还将建成十余座高混凝土坝，如乌东德、白鹤滩、叶巴滩等工程（见表 1-1）。

表 1-1　　　　　　　　　我国建成 200m 以上的高混凝土坝统计表

序号	项目名称	坝高（m）	所属流域	装机容量	总投资	建成年份
1	锦屏一级	305	雅砻江	3600MW	232.3 亿	2013
2	松塔	295	怒江	3600MW	370.9 亿	2013
3	小湾	292	澜沧江	4200MW	277.31 亿	2010
4	马吉	290	怒江	4200MW	184 亿	2020
5	白鹤滩	289	金沙江	16000MW	846 亿	2022
6	怒江桥	288	怒江	2400MW		
7	溪洛渡	285.5	金沙江	13860MW	792 亿	2015
8	同卡	276	怒江	1800MW		
9	罗拉	275	怒江	2600MW		
10	乌东德	270	金沙江	10200MW	967 亿	
11	拉西瓦	250	黄河	4200MW	149.86 亿	2010
12	二滩	240	雅砻江	3300MW	286 亿	2000
13	孟底沟	240	雅砻江	2000MW	143.58 亿	—
14	古学	240	金沙江	90MW	10.55 亿	2014
15	QBT	240	布尔津河	524MW	45 亿	—
16	构皮滩	232.5	乌江	3000MW	138 亿	2011
17	东庄	230	泾河	90MW	127 亿	—
18	叶巴滩	224	金沙江	2240MW	389.12 亿	
19	龙滩	216.5	红水河	6300MW	300 亿	2009
20	大岗山	210	大渡河	2600MW	174.48 亿	2014
21	黄登	203	澜沧江	1900MW	173.28 亿	
22	光照	200.5	北盘江	1040MW	69.03 亿	2007

混凝土坝施工过程十分复杂，需要综合考虑结构形式、施工工艺、防洪度汛、温度控制和浇筑能力等众多影响因素，其中施工期混凝土坝的裂缝控制问题是工程建设的重要技术问题之一，决定了工程的成败[1]。如美国德沃夏克混凝土重力坝（见图1-1），坝高219m，大坝建成后9个坝段产生了劈头缝，深达40~50m。奥地利柯恩布莱恩拱坝（见图1-2），坝高200m，建成蓄水后坝踵产生了第一条严重裂缝，被迫放空水库，采取坝体环氧灌浆、地基内设冰冻帷幕、上游库底建造混凝土防渗护坦等一系列加固措施，再次蓄水后又产生了第二条大裂缝，最后只好在下游修建一座重力坝对大坝予以支撑。俄罗斯萨扬舒申斯克坝（见图1-3），由于施工期坝踵开裂，导致运行期漏水严重，给水资源开发带来严重的影响。我国近期建设的一些工程也发生了比较严重的开裂事故（见图1-4）。

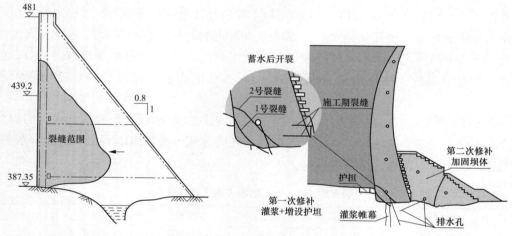

图1-1 美国德沃夏克某坝段裂缝图　　　图1-2 奥地利柯恩布莱恩拱坝裂缝分布图

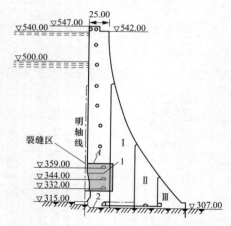
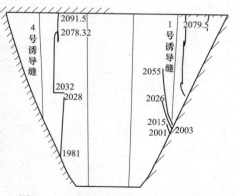

图1-3 俄罗斯萨扬舒申斯克坝裂缝分布图　　　图1-4 国内某坝上游面裂缝分布图
1—混凝土内裂缝；2—接触部位裂缝

混凝土坝的运行安全问题不容忽视，其不仅关系到防洪、供水、粮食安全，而且关系到经济、生态以及生命安全。大坝一旦失事，将带来不可估量的生命财产损失。我国的大坝、水电站等水工建筑物大部分都建于50年代初期，服役期有的已超过半个世纪。

在此期间由于施工期裂缝、混凝土老化、钢筋锈蚀等因素，许多已成为陷入危境的"病坝"。故正确评定水工结构的实际工作性态和对建筑物进行有效的诊断，是结构可靠工作的基本前提。

我国已建的水工建（构）筑物中，服役期较长的建筑仍然占有很大的比例。据统计，截至 1997 年底，佛子岭、梅山、响洪甸三座老坝由于混凝土老化、结构破损等因素共亏损 1 亿多元。仅佛子岭 1997 年一年就亏损 1700 多万元，而在修补佛子岭的设计预算中，只修两个拱就需要花费 1400 万余元。20 世纪 80 年代，原水电部水工混凝土耐久调查组对全国 32 座大型混凝土坝进行了调查，结论为：被查坝体全部存在裂缝[2-3]。调查报告还表明：我国水工混凝土的冻融破坏发生在"三北"地区的工程占 100%，这些大型混凝土工程一般运行也就 30 年左右，有的甚至不到 20 年，如云峰宽缝重力坝，运行 19 年后下游面受破损显著，表面剥蚀露出骨料，总面积约 8500m²；而丰满重力坝自从开始运行就年年维修，运行 33 年后，上、下游面及尾水闸闸墩破损明显，表面露出钢筋，冻害严重，致使坝顶抬高 10 余厘米，2014 年被迫重建。中国建筑科学研究院对我国水工建筑物的耐久性调查表明，20 世纪 50 年代后期到 70 年代是我国大坝建设的一个高速发展期，这一时期，水利工程的数量急剧增加，建成了新安江、密云、三门峡、新丰江、丹江口、刘家峡、青铜峡等一大批水利水电工程。在这个时期，由于许多工程采用了群众运动的建设方式，技术措施不到位，管理混乱，致使很多工程遗留了很多问题，这些大坝蓄水运行以后，持续受到渗流、溶蚀、冲刷、冻融等有害作用，有的还受到超标准洪水和大地震的破坏，筑坝材料逐渐老化，大坝承受水压力、渗透压力等巨大荷载的能力不断降低，因而必须及时通过有效的手段对其进行评价分析，准确掌握结构的工作性态变化规律，确定危及大坝安全的主要问题并设法加以处理消除，以保证大坝的安全运行。此外，据水利部和国家电力公司（原电力部）对所属大坝的安全定期检查发现，截至 1999 年底，我国已建水利堤坝（即以防洪、灌溉和供水为主的大坝并由水利部门管理）中，有 30413 座为病险坝，其中大型坝 145 座、中型坝 1118 座、小型坝为 29150 座，从 1999～2002 年垮坝达 245 座；电力部门管理的以发电为主的 130 多座水电站大坝中有 9 座为病险大坝。大坝的主要重大缺陷和隐患是由于设计洪水、坝基及库岸地质、施工质量、工程设计和运行管理等方面的问题所引起，尤其是 20 世纪 60～70 年代修建的大坝，由于当时施工技术水平等多种原因，隐患病害尤为严重，其中高混凝土坝存在裂缝、溶蚀、冻融、温度疲劳和日照碳化等病害，特别是裂缝问题严重。电力部门第一轮定期检查 96 座水电站大坝的结果如表 1-2 所示[2-4]。

表 1-2　　　　　　　　　96 座大中型水电站大坝病患和病险统计

序号	隐患或病险	数量（座）	比例（%）
1	防洪标准低，不满足现行规范的规定，有的大坝在运行中曾发生洪水漫顶事故，造成巨大损失	38	39.6
2	坝基存在重大隐患，断层、破碎带和软弱夹层未做处理或处理效果差，有的在运行中局部发生性态恶化，使大坝的抗滑安全明显降低	14	14.6

续表

序号	隐患或病险	数量（座）	比例（%）
3	坝体稳定安全系数偏低、不满足现行规范的规定	5	5.2
4	坝体裂缝破坏大坝的整体性和耐久性，有的裂缝贯穿上下游，渗漏严重，有的裂缝规模大且所在部位重要，已影响到大坝的强度和稳定	70	72.9
5	结构强度不满足要求，坝基、坝体在设计荷载组合下出现超过允许的拉、压应力	10	10.4
6	坝基扬压力或坝体浸润线偏高，坝基或坝体渗漏量偏大，有的坝体大量析出钙质（溶融）	32	33.3
7	泄洪建筑物磨损、空蚀损坏严重，有的大坝坝后冲刷坑已影响到坝体的稳定	23	24
8	混凝土遭受冻融破坏严重，表层混凝土剥蚀或碳化较深，有的大坝在泄洪时溢流面发生大面积混凝土被冲毁事故	10	10.4
9	近坝区上下游边坡不稳定，有的曾发生较大规模的滑坡	10	10.4
10	水库淤积严重	10	10.4
11	水工闸门和启闭设备存在重大缺陷，有的已不能正常挡水和启闭运行，影响安全度汛	27	28.1
12	合计	249	

总之，施工期如何运用有效的技术措施防止混凝土裂缝的发生，运行期如何就裂缝发生后的损伤进行诊断及处理，是目前工程界研究的重点之一。本书主要从大体积混凝土结构的裂缝成因、裂缝防治、裂缝诊断及裂缝处理四个方面进行重点阐述。

参考文献

[1] 张国新，李松辉，等. 大体积混凝土防裂智能化温控关键技术 [R]. 北京：中国水利水电科学研究院，2010.

[2] 陈德亮. 水工建筑物 [M]. 北京：中国水利水电出版社，2001.

[3] 吴中如. 重大水工混凝土结构病害检测与健康诊断 [M]. 北京：高等教育出版社，2005.

[4] 陈德亮. 结构损伤检测与诊断的方法研究进展 [J]. 沈阳工业大学学报，2004，26（4）：457-460.

第 2 章

混凝土裂缝成因及分类

2.1　裂缝成因

混凝土裂缝成因复杂，主要机理为开裂驱动力大于混凝土抗拉强度，导致裂缝的产生（见图 2-1）。

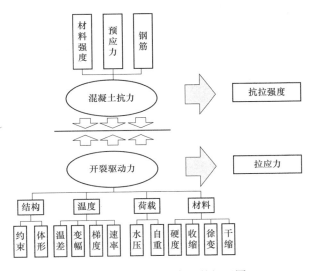

图 2-1　混凝土裂缝产生的机理图

2.2　裂缝分类

（1）裂缝根据性质主要归纳为以下几类：

1）基础贯穿裂缝。位于坝块基础部位，裂缝宽度较大并穿过几个浇筑层。这类裂缝一般发生于坝块浇筑后期的整体降温过程中，或长间歇的基础浇筑层受气温骤降、内部降温、基础强约束的联合作用，缝宽表现为上大下小，这是由于基础约束限制了坝块底部变形的缘故。

2）深层裂缝。裂缝限于坝块表层，但其深度及长度较大，贯通了整个仓面浇筑层，这类裂缝发生于大坝施工过程中，多为长间歇浇筑层顶面不断受气温骤降作用或长期暴露受气温年变化引起的内外温差与气温骤降联合作用，或浇筑层底部成台阶状造成的，需根据发生的部位、坝体内部温度状态及边界条件，作妥善处理，以防止裂缝发展为基础贯穿裂缝。

3）表面裂缝。表面裂缝是大体积混凝土最常见的裂缝，分水平向和竖向，其长度及深度一般较小，未贯通整个仓面和浇筑层，主要是坝块在浇筑过程中，层面间歇受气温骤降作用引起的。这类裂缝多发生在混凝土早龄期，具有明显的规律性。

4）网状裂缝。一般发生在坝块的暴露面，裂缝性态及分布很不规则，且深度极浅，往往是由于混凝土浇筑后养护不善造成的，尤其是高标号混凝土的表面在早期极易出现这类裂缝，这是由于表面干缩造成的。

5）劈头缝。劈头缝是发生在坝体上游面的竖向裂缝，一般在早期只发生在坝体上游面的表面裂缝，但由于长期暴露，气温骤降或初次蓄水作用，尤其蓄水后受水温及渗压的作用，极易向纵深发展。

（2）根据缝宽及缝深将裂缝分为以下四类：

1）Ⅰ类裂缝：一般缝宽 $\delta < 0.2mm$，缝深 $h < 30cm$，性状表现为龟裂或呈细微规则特性。

2）Ⅱ类裂缝：表面（浅层）裂缝，一般缝宽 $0.2mm \leqslant \delta < 0.3mm$，缝深 $30cm \leqslant h < 100cm$，平面缝长 $3m \leqslant L < 5m$。

3）Ⅲ类裂缝：表面深层裂缝，一般缝宽 $0.3mm \leqslant \delta < 0.5mm$，缝深 $100cm \leqslant h < 500cm$，平面缝长大于 $500cm$，或平面大于或等于三分之一坝块宽度，侧面大于 $1 \sim 2$ 个浇筑层厚，呈规则状。

4）Ⅳ类裂缝：缝宽 $\delta \geqslant 0.5mm$，缝深 $\geqslant 500cm$，侧（立）面长度 $h > 500cm$，或平面上贯穿全坝段的贯穿裂缝。

第 3 章

混凝土裂缝防治关键技术进展

3.1 国内外研究现状

大体积混凝土结构裂缝大部分为温度裂缝，其产生大多是由施工期温控问题带来。人们对混凝土温度裂缝的认识与研究始于 20 世纪初，1938 年美国对波尔德坝成功地采取了温控措施，包括采用纵横缝分缝、低热水泥、控制浇筑层厚及限制间歇期等。40～50 年代，美国发展了混凝土预冷技术，1953 年基本形成了温度控制的基本施工工艺框架。60 年代初期提出了一种初步定型的设计与施工模式，主要包括：①采用具有低水化热的水泥，或采用一部分活性掺料来替代；②采用低水泥含量以降低总的发热量；③限制浇筑层厚度和合理的浇筑间歇期；④采用人工冷却混凝土组成材料的方法来降低混凝土的浇筑温度；⑤在混凝土浇筑以后，采用预埋冷却水管，通循环水来降低混凝土的水化热温升；⑥保护新浇混凝土的暴露面，以防止突然的降温，如果需要，就把所有的浇筑面都掩盖起来，在极端寒冷的地区，掩盖在棚内进行人工加热；在酷热季节，如果有必要的话就采用棚盖来防止新浇混凝土暴露面避免日光直射，并同时采用喷雾的方法来防止混凝土过早的凝结和干燥[1-3]。

前苏联混凝土坝建设始于 20 世纪 60 年代，由于其恶劣的气候条件，温控防裂问题难度更大，先后采用过错缝、直缝柱状块、薄层长条浇筑、水管冷却、混凝土预冷及保温等措施，这在一定程度上缓解了混凝土的开裂问题，但裂缝问题并没有完全防治，如建设在安加拉河上的坝高 125m，坝体混凝土近 1400 万 m³ 的布拉茨克电站以及建设在叶尼塞河上的坝高 124m，坝体混凝土 435 万 m³ 的克拉斯诺亚尔斯克电站，虽然在设计施工方面，对大坝混凝土的温控防裂问题也采取了比较严格的措施，但还是出现了不少裂缝。一直到 1977 年兴建在纳伦河上的坝高 215m，坝体混凝土 320 万 m³，装机容量 124 万 kW 的托克古尔电站建成后，才宣布他们在温控防裂方面取得一定的成功[1-3]。

我国的混凝土坝建设起步于 20 世纪 50 年代初，比发达国家落后数十年，经过近四十年的发展，大坝建设规模不断取得突破，相关技术成果走在世界前列，目前世界上最高的三座混凝土坝（锦屏一级、小湾、溪洛渡）均已投产运行。现阶段，温控防裂主要思路是根据工程特点制定适合的温控标准以及与其配套的温控措施，并在施工过程中贯彻执行，主要包括结构分缝、低温浇筑、通水冷却及表面保温，但"无坝不裂"仍是一个现实问题。

随着信息化的发展，利用信息技术进行大坝施工质量、施工期及运行期工作性态的

7

监控已成为保障大坝安全的新手段。混凝土坝智能监控也成为当今坝工领域的重要研究方向。

2006年，朱伯芳院士提出了数字水电站的概念，即水电站规划、设计、科研、建设及管理的最优化、可视化和网络化，开发出国内第一个数字化温控系统——混凝土温度与应力控制决策支持系统，并在周公宅工程获得应用。该系统可在大坝施工过程中根据实际施工条件和温控措施，对全坝进行全过程仿真分析，及时了解坝体各坝块的温度与应力状态以及各种温控措施的实际效果，并可预报竣工后运行期的温度和应力状态[4-6]。2007年，朱伯芳院士提出了"数字监控"的概念[5,6]，即将传统的仪器监测与工程施工期、初次蓄水期乃至运行期全过程数字仿真分析相结合，实现对大坝温度、变形、应力等关键要素的全过程全场实时监控，有效克服了仪器监测"空间上离散""时间上断续"的不足。2009年，"数字监控"技术在锦屏一级[7,9]及溪洛渡工程开始应用，运用该系统可以实时开展大坝工作性态评估，降低事故风险，同时可以为施工期动态设计提供决策支持。

以"信息化""数字化"为基础，结合人工智能、自动化等技术，便可实现施工过程中影响质量的若干工序的智能化[9-11]。在水利工程领域，张国新[9]2012年在温控防裂方面提出了"数字大坝"朝"智能大坝"转变的设想，指出可将智能化技术应用于浇筑温度、仓面温度控制、通水冷却、混凝土养护等各个环节。

李庆斌于2014年就智能大坝进行了详细论述，提出了基于物联网、自动测控和云计算技术实现个性化管理与分析、并实施对大坝性能进行控制的综合构想，提出"智能大坝是在对传统混凝土大坝实现数字化后，采用通信与控制技术对大坝全生命周期实现所有信息的实时感知、自动分析与性能控制的大坝"[10]。谭恺炎[12]针对大体积混凝土冷却通水系统也进行了相关的研究和实践。

信息化、数字化、数值模拟仿真、大数据等技术的迅速发展为大坝温控防裂的智能化提供了机遇。2013年张国新教高针对大体积混凝土温控施工及数字监控存在的问题，提出了"九三一温度控制模式"[13]，"九"是九字方针即"早保护、小温差、慢冷却"；"三"是三期冷却即"一期冷却""中期冷却"和"二期冷却"；"一"为一个监控即"智能监控"。通过"九三一"温控模式，配合智能化控制可有效解决"四不"（即"不及时、不准确、不真实、不系统"），控制"四大"（即"温差大、降温速率大、降温幅度大、温度梯度大"），从根本上达到混凝土温控防裂的目的。

3.2 混凝土结构关键部位防治措施

3.2.1 基础约束区裂缝

混凝土大坝基础约束区一般分为基础强约束区和基础弱约束区，基础强约束区是指以浇筑坝段基础面平均高程计算，距基础面 $0 \sim 0.2L$ 高度范围内的混凝土（L 为浇筑块长边的最大长度），基础弱约束区是指对于坝段底部和基础区相连接的部位，以浇筑坝段基础面平均高程计算，距基础面 $0.2L \sim 0.4L$ 高度范围内的混凝土。由于此部分混凝土与基础相连，约束较强；此外若有垫层混凝土存在，冬季长间歇无任何温控措施的条件下，薄层混凝土温度降低很快，基础温差较快达到，叠加较大的内外温差，开裂风险较大。

　　基础约束区裂缝的防治措施主要有：①埋设冷却水管进行通水冷却；②当混凝土尤其是垫层混凝土遭遇长间歇期寒潮作用时，应注重混凝土的保温工作。下面通过两个实例进行说明。

　　图 3-1 和图 3-2 为某混凝土坝有水管与无水管条件下冷却温度过程线和应力过程线[13,14]。

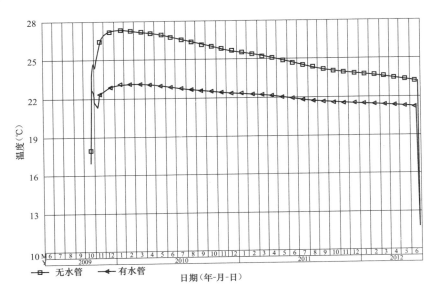

图 3-1　强约束区有无水管冷却温度过程线

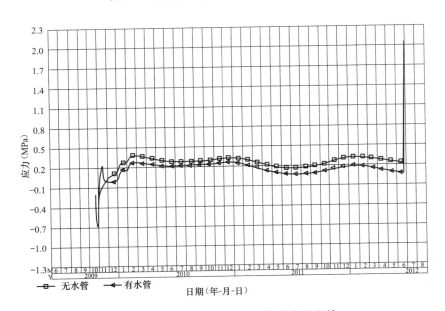

图 3-2　强约束区有无水管冷却应力过程线

通过图 3-1 和图 3-2 可知，坝体若无任何温控措施，强约束区最高温度为 27.91℃，基础强约束区最大顺河向应力为 2.17MPa，安全系数 1.61，横河向应力为 2.06MPa，安全系数 1.69，存在开裂风险。经水管冷却后（1.5m×1.5m 的水管 25d 的冷却），最高温度降为 22.50℃，最大顺河向应力减小为 1.59MPa，安全系数 2.20，横河向应力减小为 1.45MPa，安全系数 2.41，可大大降低开裂风险。

在混凝土大坝浇筑过程中，有的需在基础设置混凝土垫层，混凝土垫层具有薄层长间歇、受基础约束大的特点，开裂风险较大。图 3-3 为某混凝土重力坝垫层混凝土无保温条件下叠加短周期应力过程线[15]，由图可知：

（1）混凝土仓面冬季长间歇，温度下降快、内外温差大，长周期最大温度应力 1.00MPa。

（2）混凝土在长间歇期间遭遇寒潮频繁且无保温，50d 龄期长周期应力 0.51MPa，短周期温度应力 1.31MPa，总应力 1.81MPa，按照该部位混凝土抗拉强度控制，安全系数仅 0.99，开裂风险较大。

（3）混凝土保温可大大减低寒潮应力，降低开裂风险。

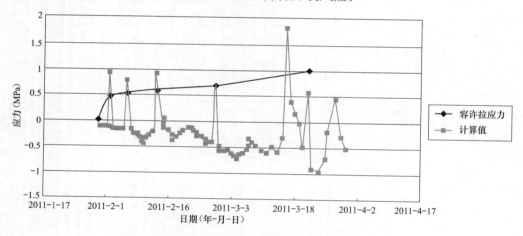

图 3-3　垫层混凝土无保温条件下叠加短周期应力过程线

3.2.2　混凝土表面裂缝

混凝土常见的裂缝，大多数是一些不同深度的表面裂缝，裂缝发生的部位主要是混凝土的暴露面，如①刚浇筑尚在凝固硬化过程中的新浇筑块表层；②相邻坝块高差悬殊长期暴露的侧表面；③大坝的上下游面。

早期由于水泥水化热，混凝土内升温很高，拆模后表面温度较低，尤其在低温季节，易在表面部分形成很陡的温度梯度，发生很大的拉应力；而早期混凝土强度低，极限拉伸值小，再加上养护不善，易于形成裂缝。因此，表面裂缝常常发生于早期。在冬季负温或在早春晚秋气温骤降寒潮频繁季节，由于混凝土表面处于负温或表面温度骤降，也容易形成裂缝。因此，表面裂缝也会出现于晚期。这种现象在寒冷地区或低温季节更为明显。

低温季节的表面防裂措施主要包括：①对表面进行保温；②在过冬前通水进行二期冷却。

图 3-4 及图 3-5 为某混凝土重力坝上游面采用保温与不保温的温度过程线与应力过程线的比较，通过比较可知，经保温后应力大幅减小，安全系数能够满足要求。

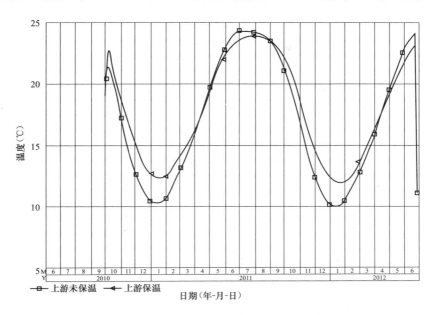

图 3-4　上游面保温与不保温温度过程线

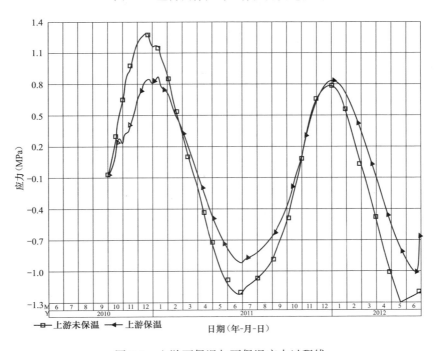

图 3-5　上游面保温与不保温应力过程线

3.2.3　过流缺口裂缝

在混凝土坝的施工过程中，往往要留一些缺口，供汛期过水用。早龄期混凝土，抗裂能力较低，内部温度较高，如表面接触过低温水，由于冷激作用，很容易出现裂缝。即使没有过水，由于停歇时间长，难免遭遇寒潮，也容易出现裂缝。因此，对预留的过流缺口，应进行表面温度应力计算，并根据计算结果，采取适当的裂缝防治措施。过水缺口的表面防裂措施主要有以下几种：

（1）采用表面流水的方法，减小温差，以防过流时温度骤降。

（2）过水前进行混凝土二期通水冷却，减小内外温差。

（3）在过水缺口的水平面上铺保温被，上面用砂袋压紧。

（4）必要时可在表层铺防裂钢筋。

（5）加强洪水预报，使混凝土龄期达到 10 天以上后再过水，以便混凝土过水时已有一定抗裂能力。

（6）上、下游表面用内贴法粘贴聚苯乙烯泡沫塑料板保温。

（7）侧面过水的混凝土，在龄期 14 天前不拆模板，模板防止冲刷，模板用内贴法粘贴聚苯乙烯泡沫塑料板保温。

过水以后，老混凝土内部温度比较低、弹模大、约束强，继续浇筑上层混凝土时，为了控制上下层温差，应严格控制新混凝土的最高温度。例如，降低入仓温度，在一定高度内减小浇筑层厚度、减小冷却水管间距等[16-21]。

图 3-6、图 3-7 及表 3-1 为某混凝土重力坝缺口过流无流水养护和有流水养护最大应力及安全系数，通过图表可知，流水养护后可有效降低混凝土的应力，提高安全系数。

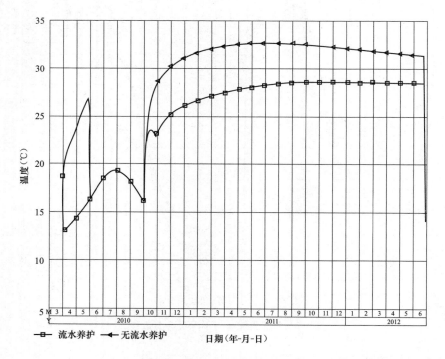

图 3-6　缺口过流面温度过程线

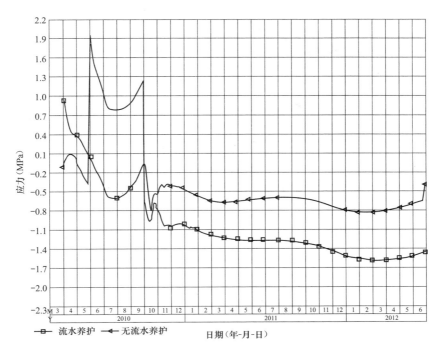

图 3-7　缺口过流面顺河向应力过程线

表 3-1   过流面最大应力值表

计算工况	顺河向（MPa）	顺河向安全系数	横河向（MPa）	横河向安全系数	竖向（MPa）	竖向安全系数
无表面流水	1.95	0.91	1.87	0.95	1.06	1.67
表面流水	0.94	1.89	0.93	1.83	0.28	6.35

3.2.4　孔口及孔洞裂缝

导流底孔的底板比较薄，受到的基础约束区作用大于一般浇筑块所受到的基础作用。因此，导流底孔是容易产生裂缝的部位。另外，导流底孔高程较低，一般处在基础约束范围内，当坝体冷却至灌浆温度后，通常是受拉的，所以导流底孔一旦出现表面裂缝，后期往往容易发展成为贯穿性大裂缝。

导流底孔冬季过水时，由于冬季水温一般低于坝体稳定温度，因而产生"超冷"。不过水时或部分过水时，孔壁冬季与冷空气接触，温度可能更低。

在基础约束区外的永久性过水孔口，如无钢板衬砌，施工期产生的表面裂缝，到了运行期，在压力水的劈裂作用下，也往往容易发展成为大裂缝，基于上述原因，对过水孔口，应采取特别严格的防裂措施。

（1）考虑到超冷现象和基础约束作用较大，导流底孔附近的混凝土最高温度应低于一般的基础约束块，相应地，应采取更加严格的温度控制措施：更低的混凝土入仓温度、更薄的浇筑块、较短的间歇时间、更密的冷却水管、较低的冷却水温等，并且最好在气温较低的季节浇筑这一部分混凝土。

（2）力争在过水之前，通过二期通水冷却，将导流底孔周围的混凝土温度降低到规

13

定的温度，减少过流时的内外温差。二期冷却时，混凝土应有足够的龄期和足够的抗裂能力，以承受基础约束作用所引起的温度应力。

（3）加强孔口内的表面保温。由于孔内过水时一般的表面保温材料将被水冲走，比较好的办法是在模板内侧粘贴聚乙烯泡沫保温，并在混凝土内预埋钢筋以固定模板，防止被水冲走。寒潮的降温历时是比较短暂的，而过水时间是比较长的，因此对表面保温能力的要求比较高。

（4）在上、下游坝面，孔口附近一定范围内，也应用内贴法粘贴聚苯乙烯泡沫塑料板保温，在靠近孔口的部位，应保留模板，以保护泡沫塑料板，防止被冲走。

（5）埋设足够的钢筋，除环向钢筋外，特别要有足够的纵向钢筋，以便万一出现裂缝时限制裂缝的发展。

（6）度汛前在孔口附近进行表面流水养护。

以某工程为例，通过仿真计算的方法就底孔和侧面过流点的应力进行分析，表 3-2 和表 3-3 为最大应力和安全系数的计算结果，通过计算可知[16]：

底孔最大应力分析：底孔过流时无温控措施、通 1.5m×1.5m 的水管时分别为 1.47、1.29MPa，安全系数为 1.03、1.18，流水养护后减小为 0.59MPa，安全系数为 2.57。可见，过流前对混凝土进行流水养护对于控制应力具有明显的效果，施工中应切实做好流水养护工作。

侧面过流点最大应力分析：第一次度汛前，混凝土龄期 35 天左右时，无温控措施、通 1.5×1.5m 的水管进行 25d 一期冷却时最大应力分别为 0.99、0.96MPa，安全系数为 1.53、1.58，流水养护后应力减小为 0.27MPa，安全系数 5.62。

表 3-2　　　　　　　　　　　过流侧面及底孔最大应力值表　　　　　　　　　　MPa

	无温控措施	流水养护	水管间距（1.5m×1.5m）
侧面过流	0.99	0.27	0.96
底孔过流	1.47	0.59	1.29

表 3-3　　　　　　　　　　　过流侧面及底孔最小安全系数计算结果表

	无温控措施	流水养护	水管间距（1.5m×1.5m）
侧面过流	1.53	5.62	1.58
底孔过流	1.03	2.57	1.18

3.2.5　上游面劈头缝

劈头裂缝与上下游面水平裂缝是混凝土坝防裂的关键，例如某工程虽然采取了严格的温控措施，仍然出现了劈头裂缝和水平裂缝。对于防治劈头裂缝，主要有以下措施：

（1）在上游面粘贴永久保温板；

（2）坝前回填土石（即堆渣）；

（3）上下游面水管预冷；

（4）表面流水。

图 3-8 为考虑某重力坝上游面最大拉应力包络图，由图可知，考虑上游面保温后，表面最大拉应力已从无保温时的 2.2~3.0MPa 下降到 1.2~1.6MPa，能够满足混凝土的抗裂标准，可以有效的避免劈头裂缝的产生。

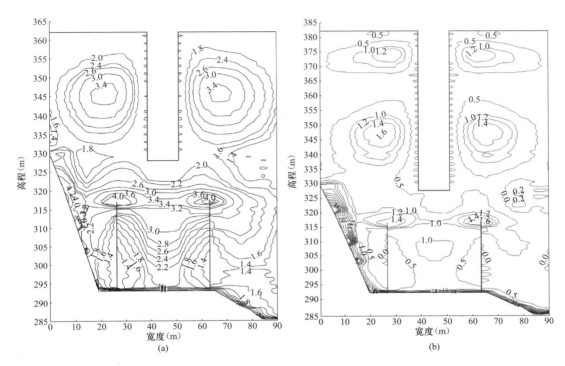

图 3-8　考虑蓄水冷冲击后的表面最大拉应力包络图（单位：MPa）

（a）无保温；（b）有保温

3.3　高寒区混凝土降雪保温措施

我国自纬度 30°属寒冷地区（华北地区、青藏高原南部地区），40°以上属严寒地区（包括东北地区、西北地区、内蒙古地区、新疆地区、青藏高原北部地区）。纬度每提高 1°，年平均气温降低 0.7℃。严寒地区的最低气温可达 −50℃ 左右，冬季往往停工，停工期间仓面面临防止早期混凝土被冻、控制温差、防止裂缝等问题。混凝土暴露仓面需要越冬[23-24]，尤其对于第一年浇筑越冬层混凝土，一般处于基础强约束区，混凝土浇筑层高较低，约束较强，浇筑长度大，裂缝较难控制，此部位也是大坝受力的主要部位，故温控难度较大。

严寒地区混凝土越冬措施主要通过在仓面覆盖一定厚度的保温被来减小内外温差。混凝土越冬时保温被层数多达 15~20 层，工程造价较高。2013 年张国新、李松辉考虑到寒区独特的严寒特点，借助于严寒地区降雪不宜融化的特点，提出了严寒地区混凝土越冬保温措施，该方法施工简单，可有效降低保温成本。下面通过仿真分析方法以某工程为例进行论证说明[25]。

3.3.1 基本理论

由热传导理论可知，大体积混凝土结构非稳定温度场在某一区域 R 内应满足下列微分方程及相应的边界条件[1]：

$$\frac{\partial^2 T}{\partial x^2} + \frac{\partial^2 T}{\partial y^2} + \frac{\partial^2 T}{\partial z^2} + \frac{1}{a}\left(\frac{\partial \theta}{\partial \tau} - \frac{\partial T}{\partial \tau}\right) = 0 \tag{3-1}$$

边界条件是：第一类边界条件即与水接触时候，$T = \overline{T}$；$\overline{T}$ 为水温。

第二类边界条件即混凝土表面的热流量是时间的已知函数，即：

$$-\lambda \frac{\partial T}{\partial n} = f(\tau) \tag{3-2}$$

第三类边界条件为当混凝土与空气接触，或混凝土保温后保温材料与雪层接触时：

$$-\lambda \frac{\partial T}{\partial n} = \beta(T - T_a) \tag{3-3}$$

上式中：λ 为导热系数；β 为放热系数；τ 为时间；a 为导温系数；θ 为绝热温升；n 为表面的外法线方向。

当采用雪层覆盖进行保温时，$T_a = 0$，即表面温度为保温材料外的温度，其为恒值 0。

当采用搭保温棚进行保温时，T_a 为保温棚内的温度。

温度应力用增量法求解，把时间 τ 划分成一系列时间段：$\Delta\tau_1$、$\Delta\tau_2$……、$\Delta\tau_n$，在时段 $\Delta\tau_n$ 内产生的应变增量为：

$$\{\Delta\varepsilon_n\} = \{\varepsilon_n(\tau_n)\} - \{\varepsilon_n(\tau_{n-1})\} = \{\Delta\varepsilon_n^e\} + \{\Delta\varepsilon_n^c\} + \{\Delta\varepsilon_n^T\} + \{\Delta\varepsilon_n^0\} + \{\Delta\varepsilon_n^s\} \tag{3-4}$$

$\{\Delta\varepsilon_n^e\}$、$\{\Delta\varepsilon_n^c\}$、$\{\Delta\varepsilon_n^T\}$、$\{\Delta\varepsilon_n^0\}$、$\{\Delta\varepsilon_n^s\}$ 分别为弹性应变增量、徐变应变增量、温度应变增量、自生体积变形增量及干缩应变增量。相应地，得到由以上因素引起的节点荷载增量，进行单元集成后得到整体的平衡方程：

$$[K]\{\Delta\sigma_n\} = \{\Delta P_n\} \tag{3-5}$$

式（3-5）中 $[K]$ 为单元刚度矩阵；$\{\Delta\sigma_n\}$ 节点位移增量；$\{\Delta P_n\}$ 节点荷载增量。

由 $\{\Delta\sigma_n\}$ 与 $\{\Delta\varepsilon_n\}$ 的对应关系，可求得应力 $\{\Delta\sigma_n\}$，累加后得到各个单元 τ_n 时刻的应力：

$$\{\sigma_n\} = \sum\{\Delta\sigma_n\} \tag{3-6}$$

混凝土的温度应力，按混凝土极限拉伸值控制：

$$\gamma_0 \sigma \leqslant \varepsilon_p E_c / \gamma_{d3} \tag{3-7}$$

式中：σ 为各种温差所产生的温度应力之和；ε_p 为混凝土极限拉伸值的标准值；E_c 为混凝土弹性模量标准值，MPa；γ_0 为结构重要性系数，对应结构安全级别分别为 Ⅰ、Ⅱ、Ⅲ 级的结构及构件，可分别取 1.1、1.0、0.9；γ_{d3} 为温度应力控制正常使用极限状态短期组合结构系数，取 1.5。

由式（3-7）计算出混凝土的允许拉应力，式（3-1）～式（3-6）可计算出允许拉应力下混凝土的等效放热系数 β，进而求出保温材料的等效厚度。材料等效厚度的计算如下式所示：

$$\beta = \frac{1}{\frac{1}{\beta_0} + \sum h_i/\lambda_i k_1 k_2} \tag{3-8}$$

式中：λ_i 为保温材料导热系数；β_0 为保温层外表面与空气间放热系数；k_1 为风速修正系数；k_2 为潮湿程度修正系数。

若采用同种材料进行保温，则保温层厚度为：

$$h = \lambda k_1 k_2 \left(\frac{1}{\beta} - \frac{1}{\beta_0} \right) \tag{3-9}$$

3.3.2　应用实例

某工程为一等大（1）型工程，大坝主体采用碾压混凝土重力坝，最大坝高为94.5m。地处东北严寒地区，气候条件恶劣，冬季寒冷历时长，极高温度 37℃，最低温度 -42.5℃，11 月至翌年 3 月，月平均气温在 -2.8～-17.4℃，冬季需停工，混凝土仓面需保温过冬。

常规情况下采用橡塑海绵保温被进行越冬保温，保温被上下均采用三防布防风、防潮，导热系数为 0.15kJ/（m·h·℃）[24]。2015 年，该坝溢流坝段上游侧浇筑厚度为4m，最后一仓浇筑时间为 2015 年 8 月 18 日，为薄层、长间歇、高温季节浇筑混凝土。按照实际的施工进度就溢流坝段进行了仿真分析，计算模型如图 3-9 所示，浇筑进度如表 3-4 所示。

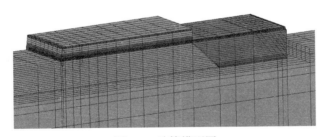

图 3-9　计算模型图

表 3-4　　　　　　　　　　浇　筑　进　度　表

序号	起始高程（m）	终止高程（m）	层厚（m）	浇筑时间	浇筑温度（℃）	浇筑部位
1	177	178.8	1.5	2015-5-23	24.50	下游侧
2	178.5	180	1.5	2015-6-18	27.06	下游侧
3	185	187	2	2015-6-18	27.06	上游侧
4	187	189	2	2015-7-14	16.05	上游侧
5	180	183	3	2015-7-26	20.06	下游侧
6	183	186	3	2015-8-18	24.87	上游侧

采用有限元法对不同等效放热系数越冬层面最大应力、安全系数及所需保温材料进行了计算，采用 3.3.1 节所述方法进行了保温层厚度的计算，计算结果如表 3-5 和

图 3-10、图 3-11 所示。从计算结果可以看出：①2015 年该坝浇筑材料属于薄层、长间歇、夏季高温季节浇筑混凝土，混凝土开裂风险较大；②越冬层面最大应力随着等效放热系数的减小呈减小趋势，等效放热系数为 7kJ/（m²·d·℃）时，最大应力 1.75MPa，安全系数 1.68，等效橡塑海绵保温被厚度为 66cm。

表 3-5 不同等效放热系数时最大应力、安全系数及所需保温材料厚度

序号	放热系数 kJ/（m²·d·℃）	最大应力 （MPa）	安全系数	发生时间	保温厚度 （cm）	保温材质
1	29	3.04	0.97	2015-2	15	橡塑海绵
2	15	2.31	1.27	2015-2	30	橡塑海绵
3	10	2.00	1.42	2015-2	42	橡塑海绵
4	7	1.75	1.68	2015-2	66	橡塑海绵
5	5	1.63	1.80	2015-2	93	橡塑海绵
6	15	1.78	1.65	2015-3	38	橡塑海绵+0.5m 雪

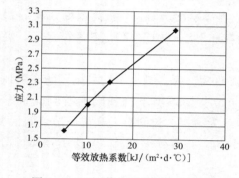

图 3-10　不同等效放热系数应力图　　　图 3-11　不同等效放热系数安全系数图

为了有效掌握雪的保温效果，2014 年 2～5 月，通过在该坝埋设温度计对降雪的保温效果进行了监测，图 3-12 为降雪保温效果现场试验布置图，雪层厚度 0.5m，温度传感器 1 布置于雪层与混凝土之间，用于测量雪的保温效果，测控单元设置为每 30min 自动一次，实现温度的实时自动测量。图 3-13 为测量结果。由图 3-13 可知降雪覆盖后最低温度−2.75℃，此时环境气温值为−25.8℃，温差值达到 23.05℃，因此降雪对混凝土具有一定的保温效果。

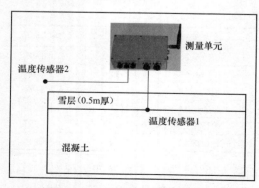

图 3-12　降雪保温效果试验布置图

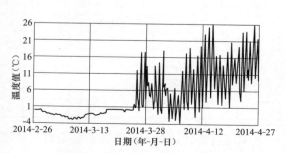

图 3-13　温度传感器 1 温度过程线

表 3-5 给出了 0.5m 厚度雪保温后所需保温材料的厚度，经计算，在 30cm 厚的橡塑海绵保温被上覆盖 0.5m 厚的雪进行保温，计算最大应力为 1.78MPa，安全系数 1.65。

根据以上计算结果，相同保温材料可节省厚度 28cm，每层保温厚度 2cm，则可节省保温被 14 层。该坝 2015 年越冬层面积为 5 万 m^2 左右，每平方米 2cm 厚保温被单价 20 元/m^2，因此可节省 1400 万。故对于寒区冬季保温，充分利用高寒区降雪，可有效节省工程预算。

3.4 小温差早冷却缓慢冷却

朱伯芳院士 2008 年[26]针对通水问题提出了"早温差、小温差、缓慢冷却"的"十字方针"。下面就该方针进行论述。

混凝土坝的水管冷却方式有三种：①一期冷却，在龄期 120d 后通水冷却，使混凝土温度降至封拱灌浆温度，以便进行灌浆。②二期冷却，在浇筑混凝土 1d 后通水 20d 进行一期冷却，降低水化热温升，在龄期 120d 进行二期冷却，使坝体温度降至目标温度。③三期冷却，在浇筑混凝土 1d 后通水 20d 进行一期冷却，降低最高温度，在龄期 120d 后进行二期冷却，在接缝灌浆前再进行三期冷却。以上三种方式，混凝土初温与水温之差控制在 20～25℃左右。

朱伯芳院士所提出的小温差、早冷却、缓慢冷却或连续冷却的方法如下：①一期冷却在浇筑混凝土时即开始进行，水管最好布置在浇筑层中间，如果布置在老混凝土层面上，水温与老混凝土初温之差应尽量小些（例如不超过 5℃）。采用小温差，一期冷却持续时间可不受 20d 限制。②由于温差小，后期冷却开始时间可提前到 30d 左右，或与一期冷却连接起来，初期冷却与后期冷却连续进行，水温由高到低分多期，逐步降低，这一冷却方式的特点是：温差小，后期冷却提前，冷却时间延长，徐变得到充分发挥，温度应力小，有利于防裂。由于后期冷却提前，小温差并不影响施工进度，施工中无非多改变几次水温，并不费事。表 3-6 为不同档通水水温，表 3-7 及图 3-14 为表 3-6 冷却方式对水管周边应力的影响，由图表可知，采用 6 档水温可将温度应力由 4.82MPa 降至 0.97MPa。

表 3-6　　　　　　　　　不 同 档 通 水 水 温 表　　　　　　　　　　　℃

龄期（d）	30～50	50～70	70～90	90～110	110～130	130～150
1 档水温				9	9	9
2 档水温				19	9	9
3 档水温				23	16	9
6 档水温	26	22.5	19	15.5	12	9

表 3-7　　　　　　　不同冷却方式孔边最大弹性徐变应力

水温分档	1	2	3	6
孔边应力（MPa）	4.82	2.50	1.97	0.97

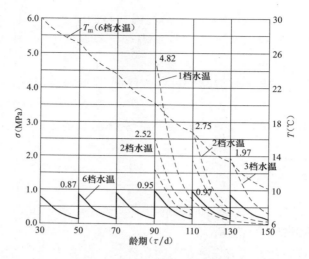

图 3-14　不同通水温度对水管周边温度应力影响

3.5 "九三一"温控模式

2013 年中国水利水电科学研究院张国新教高针对温控防裂存在的问题，提出了大体积混凝土温控防裂的"九三一"温控模式[13]，"九"是九字方针，即"早保护，小温差、慢冷却"；"三"指"三期冷却"，即一期、中期和二期通水冷却，"一"是"一个监控"即智能监控，这一温控模式已应用于溪洛渡、锦屏一级两座特高拱坝的温控防裂并取得良好效果。

九字方针之早保护是指混凝土浇筑后的表面保温和养护要尽早跟进。因为工程实践表明，大体积混凝土裂缝大多数由内外温差过大或表面养护不当所致，当内部温度升高或表面温度降低时，会形成内高外低的温度差值，从而在表面引起拉应力，当拉应力超标时，即可产生表裂缝，混凝土拱坝内部的最高温度往往出现在浇筑后 3~7 天龄期，容易在这个龄期形成最大内外温差，而此龄期的混凝土抗裂能力低，因此是极易出现裂缝的时段，早保护是在收仓之后，即在仓面铺盖保温被，侧面在拆模后立即粘贴保温板，必要时在模板上内贴或外贴保温材料。保温被、保温板具有保温、保湿双重作用，采取"早保护的措施"即可避免绝大多数的表面裂缝。

九字方针之小温差是指空间上温差及通水水温与混凝土温度的温差都尽量小。空间上温差指上下两层或前后左右相邻部位混凝土之间的温度差值，严格说应当是温度变化之差。相邻两区的混凝土温度变化之差会导致变形的差值，而差生温度应力，降温一侧为拉应力增量，而另一侧为压应力增量，应力的大小与温差成线性正比关系。

九字方针之慢冷却指混凝土通水冷却要缓慢冷却，一般工程采用不大于 1℃/d。

三期冷却的目的旨在降低时间上的温差，时间上的温差指同一部位两个相临时刻对应的温度之差，控制时间上的小温差，实质上是控制了温度变化速率，混凝土材料具有徐变作用，而徐变作用的发挥需要时间，因此减小温降速率可以使徐变充分发挥作用，从而降低温度应力，同时减小降温速率，也可以使降温形成自然温度梯度，有利于减小混凝土的相互约束应力。

　　这里所述的三期冷却较传统方法有所区别：①一期冷却在浇筑混凝土时即开始进行，水管布置在浇筑层中间，如布置在老混凝土层面上，水温与老混凝土初温之差尽量小些，采用小温差，一期冷却时间可不受20d限制；②中期冷却时间与一期冷却连接起来，一期冷却与中期冷却联系进行，水温由高到低分为多期，逐步降低；③二期冷却时间与中期冷却时间连接，这种冷却方式的特点是温差小、后期冷却提前、冷却时间延长、徐变得到充分发挥、温度应力小。

　　图3-15为无中冷应力过程线，（图中拉应力为"＋"），由图可知，实际冷却方式出现2.2MPa的拉应力，安全系数仅为1.38。图3-16为增加中冷应力过程线，考虑中冷后拉应力减小0.4~0.8MPa，安全系数满足要求。

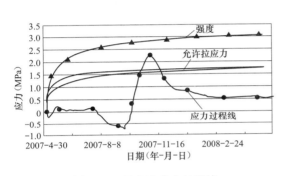

图 3-15　无中冷应力过程线　　　　图 3-16　有中冷应力过程线

　　智能监控是指以大体积混凝土防裂为根本目的，运用自动化监测技术、GPS技术、无线传输技术、网络与数据库技术、信息挖掘技术、数值仿真技术、自动控制技术，实现温控信息实时采集、温控信息实时传输、温控信息自动管理、温控信息自动评价、温度应力自动分析、开裂风险实时预警、温控防裂反馈实时控制等温控施工动态智能监测、分析与控制。智能监控是在数字监控的基础上增加了通水的自动控制、预警信息的智能化发布，可实现理想化温控模式要求下的智能控制，从而实现了大体积混凝土温控防裂从数字监控向智能监控的升级。该理念在鲁地拉、藏木工程得以成功实践，下面对智能监控技术进行系统论述[27]。

3.6　大体积混凝土防裂智能监控系统

3.6.1　总体构成

　　2015年，中国水利水电科学研究院张国新教高就大体积混凝土智能监控系统进行了详细论述[27]。

　　智能监控系统的构成同人工智能类似，包括"感知""互联""分析决策"和"控制"四个部分。"感知"主要是对各关键要素的采集（自动采集和人工采集）；"互联"是通过信息化的手段实现多层次网络的通信，实现远程、异构的各种终端设备和软硬件资源的密切关联、互通和共享。"控制"包括人工干预和智能控制，其中人工干预主要是在智能分析、判断、决策的基础上形成预警、报警及反馈多种方案和措施的指令，根据指令进行人为干预；智能控制主要是自动化、智能化的温度、湿度、风速等小环境指标控制、混凝土养护和通水冷却调控。"分析决策"是整个系统的核心，通过学习、记忆、分析、判断、反演、预测，最终形成决策。"感知""互联"和"控制"相辅相成、相互依存，以"分析决策"为核心桥梁形成智能监控的统一整体，如图 3-17 所示。

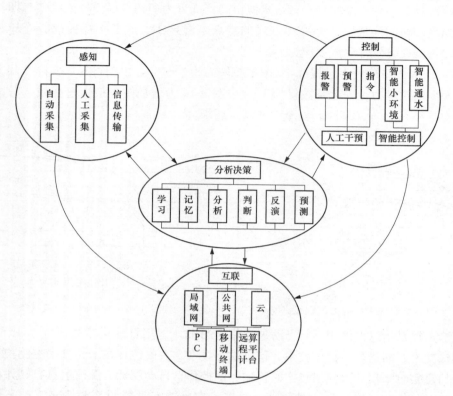

图 3-17　大体积混凝土智能监控构成图

　　智能监控系统包含了两个层次，"监"和"控"，"监"是通过感知、互联功能对影响温度控裂、防裂的施工各环节信息进行全面的检测、监测和把握；"控"则是对过程中影响温度的因素进行智能控制或人工干预。在混凝土施工的各个环节，包括拌和楼、浇筑仓面、通水冷却仓、混凝土表面等部位布置传感器，在坝区根据需要设置分控站，用以搜集管理信息并发出控制指令，对各环节中可能自动控制的量进行智能控制，各分控站通过无线传输的方式实现与总控室的信息交换，构成完整的监控系统。

　　"感知"，即实时采集施工各个环节的信息。温度控制的主要环节包括拌和楼、机口、混凝土运输与入仓、平仓振捣、通水冷却、仓面保护等，在这些环节均可布置数字式测温设备，如数字温度计（包括固定式、手持式）、红外温度计等。

　　通过分析总结出 22 个需要实时感知的量（见图 3-18），用于监控施工各环节影响温控的因素及混凝土的状态。其中大多数的观测量可用固定式仪器自动观测，少数量如机口温度、入仓温度、浇筑温度采用手持式数字温度计进行半自动化观测。

　　针对温度控制全要素全过程感知指标，研发了成套的智能感知设备，如数字温度计，温度梯度仪，仓面小气候装置，骨料红外测温装置，机口、入仓、浇筑温度测试仪等。开发的仓面小气候观测设备可同时监测温度、湿度、风速和风向，用于实时监控仓面环境，通水冷却环节上除需要观测冷却水温和混凝土温度外，还要观测进出口水压力、流向、流量等。

还有一些影响温度控制的因素不能直接用仪器自动感知，需要人工采集录入，如浇筑仓的几何信息、位置、开仓时间、收仓时间等。部分信息以设计数据的方式在系统建模，部分需要随施工进程逐点输入。

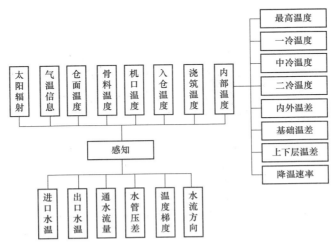

图 3-18　智能监控系统感知量

"互联"是通过信息化（蓝牙、GPS、ZigBee、云技术、互联网、物联网等）的多种技术，通过研发相关设备及设置分控站及总控室，使各施工设备之间、测温设备之间、测温设备与分控站、分控站与总控室之间建立实时通信，实现混凝土自原材料、混凝土拌和、混凝土仓面控制、混凝土内部生命周期内各种温控数据的实时采集、共享、分析、控制及反馈（互联结构如图 3-19 所示）。

实现互联的设备主要包括传感器、控制器、移动终端、施工设备、通水设备、固定终端、展示设备等。互联所采用的技术主要包括云互联、蓝牙、总线、ZigBee、WiFi、GPS 等。设备与分控站或总控室的互联主要是通过局域网的方式实现，分控站与总控室可通过局域网或广域网的方式实现，最后通过公共广域网实现数据库的远程访问。

如图 3-20 所示为入仓浇筑温度测量数据互联结构图，入仓浇筑温度测试仪通过蓝牙与移动终端连接并通过 GPS 进行自动定位，移动终端通过 WiFi 网络与分控站或总控室服务器连接，测量的温湿度可通过该种互联方式实时自动传输至数据库，最后通过远程的方式可实现数据库的访问。

"控制"包括人工干预和智能控制两部分，主要包括 5 个子系统（见图 3-21）。其中，预警发布及干预反馈子系统及决策支持子系统需要人工干预。

预警发布及干预反馈子系统是根据现场实时获取的监测数据通过分析决策模块进行自动计算，对超标量进行自动报警或预警，最后系统自动将报警或预警信息发送至施工

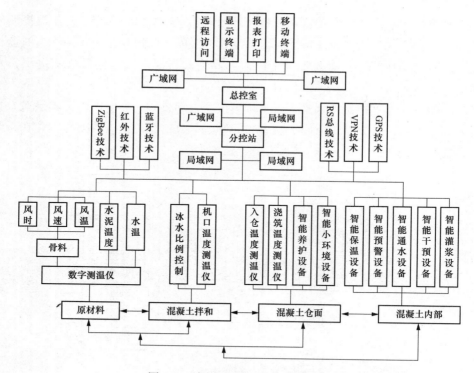

图 3-19　智能监控系统互联结构图

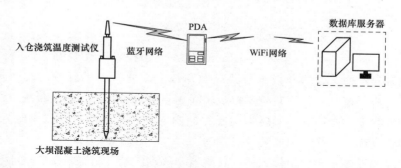

图 3-20　入仓浇筑温度数据互联结构图

人员的终端设备上，施工人员根据报警信息进行人工干预，如图 3-22 所示。决策支持子系统是通过温控周报、月报、季报、阶段性报告，现场培训等方式实现温控施工的阶段性总结。

　　智能控制主要包括智能通水子系统、智能小环境子系统、智能养护子系统。智能通水子系统主要是按照理想化温控的施工要求，基于统一的信息平台和实测数据，运用经过率定和验证的预测分析模型，通过自动控制设备对通水流向、流量、水温的自动控制。智能小环境子系统根据现场实时实测的温度、湿度，自动控制仓内小环境设备（如喷雾机），使仓面小环境满足现场混凝土浇筑要求。智能养护子系统是根据实时监测的混凝土内部温度、表面温度等信息自动控制流水养护、花管养护等设备。

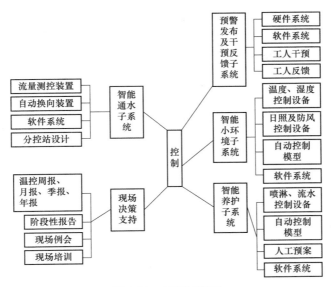

图 3-21　控制结构图

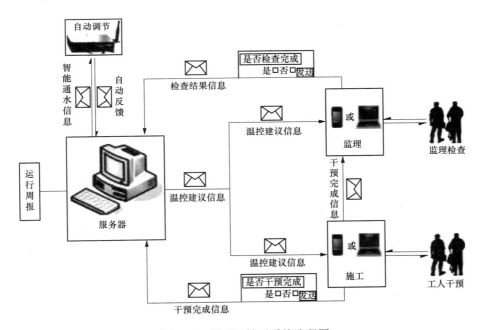

图 3-22　干预反馈子系统流程图

理论模型是整个系统的核心，直接或间接获取的感知量，通过学习、记忆、分析、判断、反演、预测等，最终形成决策信息。主要包括 SAPTIS 仿真分析模型、理想温度过程线模型、温度和流量预测预报模型、温控效果评价模型、表面保温预测模型、开裂风险预测预警模型等。

（1）仿真分析软件 SAPTIS（Simulation Analysis Program for Temperature and

Stress)[18]是中国水利水电科学研究院张国新教高历经 30 年开发的一个混凝土结构全过程、多场耦合仿真分析系统。该软件的特点可以概括为"10-3-2-1","10"是指可以模拟的 10 个过程：气象变化过程、基岩开挖过程、回填支护过程、混凝土浇筑过程、混凝土硬化过程、温度控制过程、封拱灌浆过程、时效变形过程、分期蓄水过程、长期运行过程；"3"是指水—热—力三场耦合；"2"是两个非线性指弹塑性非线性和损伤非线性；"1"是一个迭代，即各种缝的开闭迭代。采用该软件可以模拟自基础开挖到建设、运行全过程各环节的温度场、渗流场及应力场，及时对大坝整体和局部的工作状态进行数值评估[17]。

（2）理想温度过程线模型是指在一定的温控标准下，考虑不同坝型特点和坝体不同分区，按照温度应力最小的原则，从温差分级、降温速率、空间梯度控制等因素考虑，针对不同的工程、不同的混凝土分区甚至针对每一仓混凝土制定的个性化温度控制曲线。

（3）温度和流量预测预报模型，通过该模型可以预测未来温度变化，给出通水控制参数。该模型考虑了内部发热、表面散热、相邻块传热、通水带热等因子的影响，同时利用监测数据进行自学习和自修正，该模型的基本原理如下所述：

$$T_{i+1} = T_i + \Delta\theta_i + \alpha_1 \overline{T}_a + \alpha_2 \overline{T}_b + \frac{\alpha_3(L, T_w, a)(q_i + q_{i+1})}{2} \qquad (3\text{-}10)$$

式中：T_{i+1} 为预测时间 $i+1$ 时刻的温度；T_i 为当前温度；$\Delta\theta_i$ 为绝热温升；α_1 为表面散热系数；$\overline{T}_a$ 为表面温度；α_2 为相邻块散热系数；$\overline{T}_b$ 为相邻块温度；α_3 为通水散热系数；L 为管长；T_w 为水温；a 为管径；q_i，q_{i+1} 为 i 时刻及 $i+1$ 时刻流量。

（4）温控效果评价模型，通过设计有限的 8 张表格和 12 张图形可以直观实时全面定量评价温控施工质量。

（5）表面保温预测模型，是每天根据大坝的实际浇筑情况实时搜索暴露面，衔接天气预报、实测气温、混凝土内部温度等信息，通过应力仿真计算暴露面长周期应力及短周期应力并对二者进行叠加，根据应力分析结果及实际采用的保温材料参数特性，给出是否需要保温及保温层厚度的建议。

（6）开裂风险预测预警模型，通过对大坝浇筑到运行全过程实时跟踪反演仿真分析，及时预测未来温度、应力及开裂风险，实时提出预警并给出措施与建议。

如上所述六个模型是智能监控的核心，通过这些模型可以对当前温度控制状态进行评价，对下一步措施、参数提出决策。

3.6.2　工程应用

3.6.2.1　工程介绍

某工程地处东北严寒地区，为一等大（1）型工程，工程以发电为主，兼有防洪、工农业及城市供水、灌溉及旅游等综合利用任务。拦河坝采用碾压混凝土重力坝，自左向右分别为左岸挡水坝段、溢流坝段、发电引水坝段和右岸挡水坝段，坝顶高程 269.5m，最大坝高 94.5m，坝顶全长 1068m（见图 3-23 和图 3-24）。该工程温控防裂具有以下特点及难点：

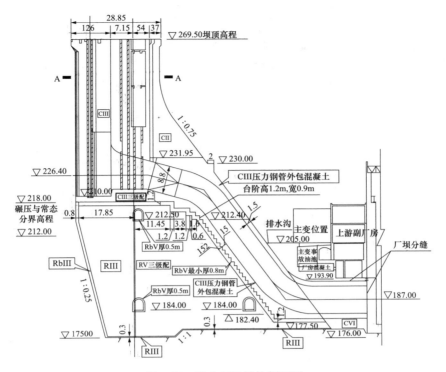

图 3-23　引水坝段结构剖面图

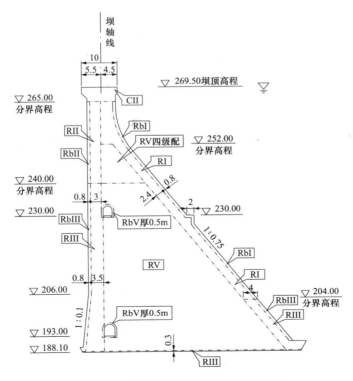

图 3-24　引水坝段结构剖面及材料分区图

（1）地处寒地区，气候条件恶劣，冬季寒冷且历时较长，多年平均气温 4.9℃，极端最高气温 37℃，极端最低气温达到－42.5℃。

（2）大坝采用碾压混凝土，线胀系数较大（$7.84×10^{-6}$/℃～$7.96×10^{-6}$/℃）。

（3）地震烈度较高，相关资料表明，该工程地处 7 度地震，烈度较高，温控要求高。

（4）F_{67}断层及影响带性状差、规模大，是影响 29～32 号坝段不均匀变形、抗滑稳定的主要地质缺陷，对 29～32 号坝段的温控防裂要求更高。

（5）采用通仓浇筑，根据可研资料，单仓最大仓面积 6395m²，不设置纵缝，坝体最大浇筑块长度较大，最大 78.62m（溢流坝段）。

（6）混凝土浇筑自 11 月至次年 3 月处于停工状态，混凝土存在长间歇。

（7）采用碾压混凝土，大坝的材料特性对温控防裂不利。

（8）汛期大坝缺口过流，大坝混凝土存在冷击。

3.6.2.2 方案设计

（1）监测坝段的选取。按照碾压混凝土的分块计划及施工进度，选择如下 13 个坝段作为监测坝段：

1）左岸挡水坝段：选择 9 号坝段；

2）溢流坝段：选择 10、14、18、21 号坝段；

3）引水坝段及右岸挡水坝段：选择 25、26 号；

4）右岸挡水坝段：选择 28、32、34、37、41、42 号坝段。

（2）分控站的设置。按照典型监测坝段的布置及主供水和回水管路的设计，共布置 45 个分控站，如图 3-25 所示：

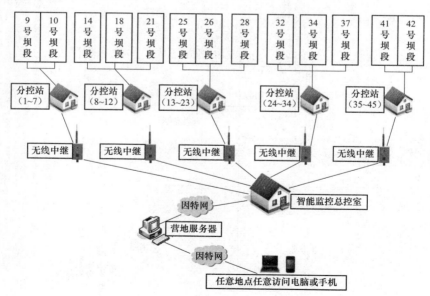

图 3-25　分控站布置图

分控站 1～7，分别位于 9 号坝段或者 10 号坝段下游平台，高程分别为 187、190、196、202、212、253、259m 高程，用于安装 9、10 号坝段的温度流量测控设备。

分控站 8~12，分别位于 18 号坝段下游侧，高程分别为 187、190、202、212、240m，用于安装 14、18、21 号坝段的温度流量测控设备。

分控站 13~23，分别位于 26 号坝段下游侧，高程分别为 175、182.5、188.5、193、212、216.5、221、227、247、253.5、258.5m，用于安装 25、26、28 号坝段的温度流量测控设备。

分控站 24~34，分别位于 34 号坝段下游侧，高程分别为 175、182.5、188.5、193、212、216.5、221、227、247、253.5、258.5m，用于安装 32、34、37 号坝段的温度流量测控设备。

分控站 35~45，分别位于 41 号坝段下游侧，高程分别为 175、182.5、188.5、193、212、216.5、221、227、247、253.5、258.5m，用于安装 41、42 号坝段的温度流量测控设备。

在上述 1~45 分控站内装有测控单元、水管流量测控装置、水管水温测量用数字温度传感器等温度流量测控设备。

在大坝下游侧与智能监控总控室之间通过无线中继路由器来传输数据，由于现场采集设备众多，需要传输的数据量巨大，为避免设备之间的串扰，降低数据传输的误码率，因此，对无线中继路由器设置不同的信道，分控站 1~7 的测控单元对应第 1 信道的中继路由器；分控站 8~12 的测控单元对应第 2 信道的中继路由器；分控 13~23 的设备对应第 3 信道的中继路由器；分控站 24~34 的测控单元对应第 4 信道的中继路由器；分控站 35~45 的测控单元对应第 5 信道的中继路由器。

（3）碾压混凝土通水设备安装。为便于水管安装及计算说明，将碾压混凝土浇筑分为大仓及小仓，大仓编号如(40~58 号)-1 代表通仓碾压 40 号坝段至 58 号坝段第一仓，小仓按照坝段号重新划分每个坝段一小仓，则（40~58 号)-1 中有 19 个小仓。根据碾压混凝土浇筑进度表可统计出，第二年通水冷却小仓 225 仓，第三年通水冷却小仓 441 仓，第四年通水冷却小仓 240 仓，第五年通水冷却仓 182 仓。参照通水要求每年 10 月下旬~11 月上旬对当年高温季节浇筑的坝体混凝土进行后期通水冷却，周期为 1 年，考虑重复利用，则最多 441 个小仓同时通水，1 个测控单元控制 4 层水管，控制 2 小仓，一仓 2 层水管，则需要 441×2/8=111 个测控单元。

10~21 号坝段溢流坝段下游 176~187.5m 高程，设备安装及埋设如下所述：1.5m 一层，共 8 仓，10、18 号作为典型坝段共 32 支温度计，1.5m 一层，共 96 个小仓，因仓位面积较小，每仓埋设温度计 2 支，每个测控单元控制 4 层水管，控制 4 小仓，一仓 2 层水管，需要 96×2/16=12 个测控单元。

碾压混凝土设备量统计见表3-8。

表 3-8　　　　　　　　　碾压混凝土设备量统计表

测控单元	水管流量控制装置	水管流量测控装置	水管水温测量温度传感器	大坝内部温度计	总线连接器	专用配电箱	电缆
123	245	245	30	854	72	31	27000

（4）现场技术服务。混凝浇筑自第 2 年 5 月末至第 5 年 10 月末，共 41 个月，175 周，通过在现场派驻温控科研人员，按照混凝土实际的浇筑信息进行温度应力分析及反分析，定期提供温控周报 175 期，温控月报 41 期、季报 14 期及年报 3 期，阶段性专题报告一年两次（7 期），项目成果总报告 1 份（见表 3-9）。

定期参加业主召开的现场决策会议，提供咨询意见。

表 3-9 温度应力分析及反分析成果提供表

名称	期数	名称	期数
温控周报	175	温控年报	3
温控月报	41	温控专题报告	7
温控季报	14	项目成果总报告	1

3.6.2.3 方案实施

图 3-26～图 3-29 为硬件设备安装。

图 3-26 现场分控站（配电箱）　　　　　图 3-27 测控装置安装

图 3-28 浇筑温度测量　　　　　　　图 3-29 太阳辐射热安装

图 3-30～图 3-33 为软件系统数据图。软件系统自 2015 年 3 月至今运行情况良好。

 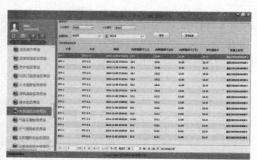

图 3-30 系统登录界面　　　　　　　图 3-31 系统数据查询界面

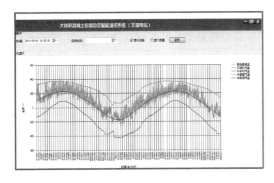

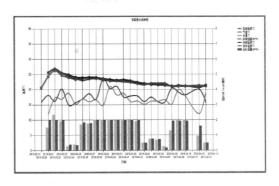

图 3-32 气温温度历程图　　　　　　　图 3-33 理想与实测温度历程图

3.6.2.4 应用效果

该系统自 2015 年 4 月在本工程运行至今，已浇筑 150 万 m^3 混凝土，系统成功实现了温控信息的自动获取、准确掌握、实时评价，智能预警、通水的智能控制及决策支持，有效提高了混凝土施工的管理水平[28]。

3.7 本章小结

混凝土坝的安全不仅关系到防洪安全、供水安全、粮食安全，而且关系到经济安全、生态安全、国家安全。大坝一旦失事，将带来不可估量的生命财产损失。大坝的安全不仅仅取决于良好的设计，更取决于大坝的施工质量和对大坝工作性态的有效监控和管理，本章主要对混凝土坝裂缝防治关键技术进展进行了详细介绍，重点对混凝土坝关键部位的防治措施，高寒区混凝土降雪保温措施及大体积混凝土防裂智能监控系统进行了详细介绍，工程实践表明，九三一温控模式是确保混凝土结构不出现危害性裂缝的重要措施。

参考文献

[1] 朱伯芳. 大体积混凝土温度应力与温度控制 [M]. 北京：中国电力出版社，1999.

[2] 龚照熊，张锡祥，等. 水工混凝土的温控与防裂 [M]. 北京：中国水利水电出版社，1999.

[3] 郭之章，傅华. 水工建筑物的温度控制 [M]. 北京：水利电力出版社 1999.

[4] 朱伯芳. 混凝土坝计算技术与安全评估展望 [J]. 水利水电技术：2006，10（37）：24-28.

[5] 朱伯芳. 混凝土坝的数字监控 [J]. 水利水电技术：2008，39（2）：15-18.

[6] 朱伯芳，张国新，贾金生，等. 混凝土坝的数字监控——提高大坝监控水平的新途径 [J]. 水力发电学报：2009，28（1）：130-136.

[7] 刘毅，张国新，王继敏，等. 特高拱坝施工期数字监控方法、系统与工程应用 [J]. 水利水电技术：2012，43（3）：33-37.

[8] 张国新，张磊，刘毅，等. 锦屏一级拱坝施工期工作性态反演仿真分析 [C]. 陈云华//流域水电开发重大技术问题及主要进展. 郑州：黄河水利出版社，2014. 77-83.

[9] 张国新，刘有志，刘毅. "数字大坝"朝"智能大坝"的转变——高坝温控防裂研究进展 [C]//贾金生，陈云华. 水库大坝建设与管理中的技术进展——中国大坝协会 2012 学术年会论文集. 郑州：黄河水利出版社，2012：74-84.

[10] 李庆斌. 论智能大坝 [J]. 水力发电学报：2014, 33 (1)：139-146.

[11] 张国新，刘毅，李松辉，等. 混凝土坝温控防裂智能监控系统及其工程应用 [J]. 水利水电技术，2014, 45 (1)：96-102.

[12] 谭恺炎，陈军琪，燕乔，等. 大体积混凝土冷却通水数据自动化采集系统研制及应用 [C]// 贾金生. 水库大坝建设与管理中的技术进展——中国大坝协会 2012 学术年会论文集. 2012, 502-507.

[13] 张国新，刘毅，李松辉，等，"九三一"温度控制模式的研究与实践 [J]. 水力发电学报，2014, 33 (2)：179-184.

[14] 张国新. 大体积混凝土结构施工期温度场、温度应力分析程序包 SAPTIS 用户手册 [R]. 中国水利水电科学研究院，1994-2005.

[15] 张国新，李松辉，等. 澜沧江大华桥水电站可行性研究阶段大坝混凝土温控计算 [R]. 北京：中国水利水电科学研究院，2010.

[16] 李松辉，刘毅，等. 金沙江鲁地拉大坝第一次度汛温控防裂专题问题研究 [R]. 北京：中国水利水电科学研究院，2011.

[17] 胡平，张国新，等. 黄登水电站大坝温控仿真计算分析及温控防裂措施研究 [R]. 北京：中国水利水电科学研究院，2011.

[18] 张国新，刘有志，等. 澜沧江功果桥水电站技施阶段大坝混凝土温控计算 [R]. 北京：中国水利水电科学研究院，2009.

[19] 刘有志，张国新，等. 武都水库工程碾压混凝土重力坝施工期温控防裂仿真计算分析 [R]. 北京：中国水利水电科学研究院，2008.

[20] 刘毅，张国新，等. 亚碧罗水电站可研阶段碾压混凝土重力坝温度应力及温控 [R]. 北京：中国水利水电科学研究院，2008.

[21] 刘毅，张国新，等. 金沙江龙开口水电站可行性研究坝体混凝土温控研究专题报告 [R]. 北京：中国水利水电科学研究院：2008.

[22] 胡平，杨萍，等. 龙滩水电站大坝混凝土温控防裂研究 [R]. 北京：中国水利水电科学研究院，2007.

[23] 毛远辉. 严寒地区高碾压混凝土重力坝温控与防裂研究 [D]. 乌鲁木齐：新疆农业大学，2006.

[24] 王成山. 严寒地区碾压混凝土重力坝温度应力与温控防裂技术 [D]. 大连：大连理工大学，2003.

[25] 张国新，刘茂军，李松辉，等. 高寒区混凝土坝长间歇薄层浇筑越冬保温方法 [J]. 水利水电技术，2015. 6 (47) 25-28.

[26] 朱伯芳. 小温差早冷却缓慢冷却是混凝土坝水管冷却的新方向 [J]. 水利水电技术，2009, 40 (1)：44-50.

[27] 张国新，李松辉，刘毅，等. 大体积混凝土防裂智能监控系统 [J]. 水利水电科技进展，2015, 35 (5)：83-88.

第 4 章

基于机器学习的泄流结构损伤诊断技术

4.1 总体思路

在现有的结构损伤诊断方法中，从大类上讲可以分为有损检测和无损检测两种方法。目前有损检测方法因其会对工程建筑物产生一定程度的破坏，故不适宜于服役工程。其主要是应用于结构的故障解剖，以期详细研究损伤的产生及形成机理。鉴于大型水利水电工程结构造价高及在使用中不能中断等特点，在役结构的安全评估方法首先应该是无损或微损的方法。常规的一些无损检测方法主要有以下几种[1-3]：

（1）目测法是常用无损检测方法，该方法对由于材料老化所造成的损伤是很难判定的。对于复杂的工程结构，结构的损伤可能在一些不可靠近的区域（如隐蔽部位、水下部位等），利用目测法也是不可行的。

（2）无损检测技术中的 X 光检测、超声波检测、工业 CT 和热成像等基于声学、光学、热学和电学的检测方法仅仅适用于结构损伤的局部探测，并且这些技术仅仅用于检测人员所能接近的局部部位。同样该方法对于一些不可靠近的区域也是不可行的。

（3）传统的静力强度评价方法，一般测试的工作量很大，有时还会影响检测的进度，此外这些技术还需要特殊的测试设备和额外的专业人员。因此，这些方法对于复杂的水工结构进行检测是不方便并且昂贵的。

考虑到水工结构的复杂性和特殊性，以上所提的结构无损诊断方法均不适用于水工建筑物。结构损伤将会引起结构刚度等物理参数的变化，实际表现为结构动力参数（如固有频率、振型、阻尼比等）的变化。本章将基于此而对结构的损伤诊断进行研究，这种损伤诊断方法的主要思路是：利用振动试验获得结构损伤状态下的动力响应，建立结构响应与物理参数或参数变化之间的关系，由此识别出结构物理的变化程度并确定响应的变化位置，从而诊断出结构的损伤状态。该方法是一种结合系统识别、振动理论、振动测试技术、信号采集与分析等跨学科技术的试验模态分析方法[1-4]。

基于结构振动特性的损伤诊断方法是利用结构的振动响应和系统的动态特性参数进行结构损伤诊断，是目前国内外损伤诊断研究中的热点和焦点。其主要包括以下三个步骤（见图 4-1）：①对结构进行动力分析，应用一些模态参数识别方法确定结构的模态参数。②根据结构模态参数构造损伤指标，进行损伤定位和损伤程度诊断；③对结构的安全性能和生命周期进行评估。

传统的模态识别方法是基于实验室条件下的频率响应函数进行的参数识别方法，要

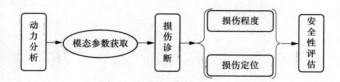

图 4-1　结构损伤诊断流程图

求必须同时测得结构上的激励力和响应信号。但是，在许多工程实际应用中，由于工作条件和实验室条件相差很大，对一些大型结构无法施加激励或激励费用很昂贵。鉴于水工结构的受力特点，即考虑到其在流激振动下的响应较易获得，探讨运用实测的流激振动响应来对结构的模态参数进行识别理论和方法，进而对结构的损伤进行诊断。该方法与传统的损伤诊断方法相比有如下优点：

（1）仅根据结构在环境激励下的响应数据来识别结构的模态参数，而无需对结构施加额外的激励，激励是未知的。如无需对大桥、水工结构等大型建筑物施加额外的激励力，仅需直接测取结构在环境激励下的响应数据就可以识别出结构的模态参数。

（2）可以有效地节省人工和设备的费用，也可避免对结构可能产生的损伤问题。对一些大型的工程结构施加激励是很困难的，环境激励下的模态参数识别方法不需要人工激励而只需环境（水流）激励。这样就避免了激励设备的费用，同时也可有效地避免由于人工激励（机组甩负荷、炸药爆炸等）而对建筑物造成的损伤。

（3）基于时域模态参数识别的结构损伤诊断是指通过结构在环境激励下结构的响应分析结构的模态特征参数，从而根据这些参数进行结构损伤诊断，这在一定程度上可以真正的实现结构的无损评估和实时监测。

（4）水工建筑物一般规模巨大，当损伤发生在隐蔽部位或水下时，常规的一些方法工作量具大，很难对其进行诊断，而基于模态分析的结构损伤诊断方法是一种全局的诊断方法，能够成功地实现处于水下构件或隐蔽部位的损伤诊断。

（5）由于该方法是在结构工作状态下的一种识别方法，无须考虑边界条件的影响，即满足结构实际的边界条件，与有限元计算方法相比，该方法能够真正的体现结构实际的动力特性。

4.2　国内外研究现状

4.2.1　机器学习理论方法研究现状

机器学习是研究计算机如何模拟和实现人类的学习行为，获取新的知识或技能，并对已有的知识结构进行重新组织使之不断改善自身的一种新技术。机器学习的研究方法是从大量的观测数据寻求规律，利用这些规律来对未来数据或无法观测的数据进行预测[5]。过去的学者对于机器学习的研究仅局限于知识的获取，这就必然涉及知识表示，因而有人也提出"学习是构造和修改对于经验的表示"，而经验包括感觉和内部思考的过程。因此，从原理方面来看，机器学习系统通过输入刺激和内部变换来接收客观现实。从形式化方面来看，机器学习的目的就是对学习目标函数的拟合，在研究存在一个是否可学习的概念时，容易把学习问题建立在坚实的数学基础上，而且所提出的思想符合过去人们对机器学习的定义和看法。

机器学习的基本模型是以 H. Simon 的学习定义为出发点建立如图 4-2 所示的基本模型。在机器学习的过程中，首要的因素是外部环境向系统提供信息的质量。外部环境是以某种形式表达的外界信息集合，代表外界信息的来源。学习是将外界信息加工为知识的过程，先从环境获得外部信息，然后对这些信息加工形成知识，并把这些知识放入知识库中；执行环节是利用知识库中的知识完成某种任务的过程，并把任务过程中所获得的一些信息反馈给学习环节，并直到进一步学习[6]。

图 4-2　机器学习基本模型

机器学习是人工智能研究中较为年轻的一个分支，其发展过程大体上可分为以下四个时期：

第一个阶段是从 20 世纪 50 年代到 60 年代中叶，属于热烈时期。在这个时期，所研究的是"没有知识"的学习，即"无知"学习。其研究目标是各类自组织系统和自适应系统，其主要研究方法是不断修改系统的控制参数和改进系统的执行能力，不涉及与具体任务有关的知识[6-7]。

第二阶段是从 20 世纪 60 年代中叶到 70 年代中叶，被称为机器学习的冷静时期。本阶段主要采用逻辑结构或图结构作为机器内部描述。

第三阶段是从 20 世纪 70 年代中叶到 80 年代中叶，称为复兴时期。在此期间人们从学习单个概念扩展到学习多个概念，探索不同的学习策略和方法。且在该阶段已开始把学习系统与各种应用结合起来，并取得了很大的成功，极大的促进了机器学习理论的发展。

第四个阶段从 20 世纪 80 年代中后期到现在，可以认为机器学习研究进入了一个新阶段，已经趋向成熟。在这一阶段，神经网络的复苏，支持向量机技术的出现，正在带动着各种非符号学习与符号学习方法并驾齐驱，并且已经超越了该研究领域，开始从试验室走向应用领域。

迄今为止，关于机器学习还没有一种被共同接受的理论框架，关于其实现方法有以下几类：

第一种是传统的统计学习理论，亦即经典的统计方法。实际上，传统的参数估计方法正是基于传统统计学的，在这种方法中，参数的相关形式是已知的。训练样本用来估计参数的值。但是这种方法有很大的局限性。首先，需要已知的样本分布形式，这需要花费很大的代价。其次，传统的统计学研究都是假设样本趋于无穷大时的渐近理论。而在实际问题中，样本的数目往往是有限的，因此一些理论上很优秀的学习方法在实际中的表现却不尽人意。

第二种方法是经验非线性方法。经验非线性方法利用已知样本建立非线性模型，克服了传统参数估计方法的困难。但是，这种方法缺乏一种统一的数学理论。以神经网络为例，神经网络是目前运用较多也是最早应用的非线性分类。由于神经网络是基于经验最小化原理，具有对非线性数据快速建模的能力。通过对训练集的反复学习来调节自身的网络结构和连接权值。并对未知的数据进行分类和预测。但是，神经网络从某种意义上说是一种启发式的学习机。本身有很大的经验性、过学习和欠学习、局部最小点、训练出来的模型推广能力不强等问题得不到很好的解决。

第三种是基于统计学习理论的机器学习方法。为了克服神经网络算法无法避免的难题，Vapnik 领导的试验小组提出了统计学习理论。统计学习理论是一种专门研究小样本情况下机器学习规律的理论。该理论是针对小样本统计问题建立的理论体系，在这种体系下的统计推理规则不仅考虑了对渐近性能的要求，而且追求在现有有限信息的条件下得到最优结果。Vapnik 在统计学习理论的基础上提出了支持向量机理论，该理论是一种全新的模式识别方法。由于当时这些研究尚不十分完善，在解决模式识别问题中往往趋于保守，且数学上难以解释，因此对支持向量机的研究一直没有得到充分的重视。直到 20 世纪 90 年代，由于神经网络等机器学习方法的研究遇到一些难以解决的瓶颈，使得支持向量机的研究取得了重视并得到了迅速发展和完善[7-9]。

总之，经过近 20 年的飞速发展，机器学习已具备了一定的解决实际问题的能力，逐渐成为一种基础性、透明化的支持与服务技术。将机器学习真正当成一种支持和服务技术，考虑不同学科领域对机器学习的需求，找出其中共性、必须解决的问题，进而着手研究，一方面可以促进和丰富机器学习本身的发展，另一方面也可以促进机器学习技术在不同学科领域的发展。

4.2.2 模态参数识别方法研究现状

基于结构动力特性损伤诊断的关键是结构动力参数的获取，即如何准确获得结构的模态参数。工程中对大型结构进行动力分析而获得结构的模态参数主要有两种基本方法：数值计算和试验研究。与这两种方法相对应的，在工程实际中普遍采用的是有限元分析方法和试验分析技术。有限元分析方法是将弹性结构离散化为有限数量的具有质量、刚度特性的单元后而在计算机中进行数学运算的理论数值近似计算方法，其主要用于结构动力分析中的正问题求解。目前已有多种大型商业化的有限元分析软件（如 AN-SYS、ADINA 等）投入了实际应用，并已成功解决了一大批有重大意义的问题。这类方法的最大优点是可以在结构设计之初，根据设计图纸便能预知产品的动态特性。然而在实际的工程中由于施工、实际边界条件、结构的动力物理参数与实际工程的差异等综合因素的影响，有限元分析方法并不能真正体现实际结构的动力特性。试验模态分析技术是结构动力学中的一种"逆问题"分析方法，是建立在试验分析基础之上的，主要采用试验与理论分析相结合的方法来处理工程中的振动问题，是一种经济、有效地了解和寻求结构最佳动态性能的方法，能够真实的反映结构当前的运行状态及动力特性。近十几年来，随着试验模态分析技术的迅速发展，一些先进测量仪器的成功研制，为结构无损评估方法中获得准确的模态参数提供了有力的保障，直接推动了结构损伤诊断技术的发展及应用，使其显示出强大的生命力及广阔的发展前景。

通过试验研究而获得结构参数的方法主要是应用参数辨识技术。参数辨识的主要任务是在通过试验测试所得的数据中，确定系统的模态参数或物理参数，其中模态参数包括固有频率、模态阻尼比、模态质量及振型等，物理参数包括质量、阻尼、刚度等[10-11]。目前模态参数识别主要分为传统的传递函数模态分析方法和环境激励下的模态参数识别方法。环境激励下的模态参数识别技术，按识别域可主要分为频域法、时域法。

频域法又分为单模态识别法、多模态识别法、分区模态综合法和频域总体识别法。对小阻尼且各模态耦合较小的系统，用单模态识别法[11]可以达到满意的识别精度；而对模态耦合较大的系统，必须用多模态识别法；对较大型结构，由于单点激励能量有限，在测得的一列或一行频响函数中远离激励点的频响函数信噪比很低，以此为基础识别的振型精度也很低，甚至无法得到结构的整体振型。分区模态综合法相对简单[12][13]，其在不增加测试设备的情况下便可以得到满意的效果，缺点是对超大型结构仍难以激起有效的模态；频域总体识别法是建立在 MIMO 频响函数估计基础上，用频响函数矩阵的多列元素进行识别。

还有一种不常用的频域法——线性动态系统的 Karhunen-loeve（KL）方法，Karhunen-loeve 的过程[14]是在频域内推导的，基于准确的系统响应和离散傅里叶变换表达式。该方法考虑分布函数在频域内导出的特征方程将产生的不同问题，对有效 KL 模态计算和利用 KL 特征模态构造降阶系统进行了研究，也讨论了系统响应的选择。Karhunen-loeve 分解已经大量应用于产生动态和流体结构应用的特征模态的新集合[15-19]，KL 方法有如下优点：①KL 过程利用快照方法，使获得大型特征模态的问题降为解决只有 100 阶矩阵的特征模态；②提出了真实的优化模态；③直接响应，不需要系统的动态模型表述，能用于分析和实验模型；④解决了线性系统及其伴随系统，有可能重新构造初始系统的特征模态。然而对于更一般的包括多输入的响应问题，KL 方法输入选择不是唯一的，需进一步研究。

总之，模态参数识别频域法的最大优点是利用频域平均技术，最大限度地抑制了噪声影响，使模态定阶问题容易解决，但其也存在以下不足：

（1）功率泄漏、频率混叠及离线分析等。

（2）在识别振动模态参数时，虽然傅里叶变换能将信号的时域特征和频域特征联系起来，分别从信号的时域和频域观察，但由于信号的时域波形中不包含任何频域信息，所以不能将二者有机结合。另外，傅里叶谱是信号的统计特性，从其表达式可以看出，其是整个时间域内的积分，没有局部分析信号的功能，完全不具备时域信息，这样在信号分析中就面临时域和频域的局部化矛盾。

（3）由于对非线性参数需用迭代法识别，因而分析周期长；又由于必须使用可量测的激励信号，一般需增加复杂的激振设备。特别是大型结构，尽管可采用多点激振技术，但有些情况下仍难以实现有效激振，无法测得有效激励和响应信号，比如对大型水工建筑物、海工结构及超大建筑等，往往只能得到其自然力或工作动力激励下的响应信号。

时域法是近年才在国内外发展起来的一门新技术，可以克服频域法的一些缺陷，特别是对大型复杂构件，如飞机、船舶及建筑物等受到风、浪及大地脉动的作用，在工作中承受的荷载很难测量，但响应信号很容易测得，直接利用响应的时域信号进行参数识别无疑是很有意义的[20]。下面就环境激励下模态参数识别问题的现状进行简要介绍。

20世纪60年代B. L. Clarksom首先对这一问题在小阻尼结构中进行了研究[4]。随后，1973年Ibrahim创立了仅利用时域响应信号进行参数识别的方法，这一方法极大的促进了模态分析技术的发展，这就是现在的ITD法[21]。1976年，Box与Jenkins发表专著详细论述了用于模态参数识别的时序分析方法（ARMA）[22]。1983年Mergeay研究了单参考点复指数方法，其核心是最小二乘估计和脉冲响应函数关于各阶模态的复指数展开理论的结合，但该方法是一种局部检测方法[23]。后来Leuridan和Vold在此基础上进一步发展了多参考点法，该法同时利用所有激励点和响应点的数据进行分析，与SRCE法相比扩大了参数识别的信息量，使识别的模态参数具有整体统一性，并具有较强的对虚假模态的辨识能力，识别精度大大提高，但是该方法由于所要求的激振技术较为复杂，测试数据量和运算数据量大，很难运用到大型复杂的结构中来。1984年J. N. Junang和R. S. Pappa首先提出了基于实现的随机子空间方法的特征实现算法（ERA）[24]，该方法以多点激励得到的脉冲响应函数矩阵为基础，构造Hankel矩阵，利用奇异值分解技术，确定出最小阶数的用于描述状态方程的系统矩阵的输入输出矩阵，通过求解系统矩阵的特征参数得到模态参数。1985年Juang提出了另一类确定系统最小实现的算法，其核心是QR分解技术。1986年Braun，S. G提出把Prony方法应用于结构模态参数识别，该方法使用自由振动数据或脉冲响应数据对模态参数进行识别。Ljung，L. 在1987年提出了预测误差方法，该方法是基于有确定性输入的ARMA模型的，可以看作广义的最小二乘方法。1994年Hyoung. M. Kim等开始研究采用ERA方法识别结构模态参数并把应用成果应用于和平号空间站和国际空间站的模态参数识别。1995年James等提出了利用互相关函数识别工作模态的NExT技术。1999年Peeters提出了改进的随机子空间法，其本质就是将响应互相关函数与传统的特征系统实现算法两者相结合，该方法采用响应参考点，并采用了采样数据缩减技术，在一定条件下解决了实际应用中由于数据采样量较大而给分析带来的困难[10]。

国内对于环境激励下结构模态参数识别的时域法研究起步较晚，自20世纪80年代起，国内的学术界与工程界才开始对该问题进行系统的研究。1981年宝志雯等首先研究了利用峰值拾取法对某高层建筑物进行了模态参数识别[24,25]。1994年，曾庆华等[26]用频域的有理分式正交多项式拟合方法及时域的最小二乘方法对飞机颤振试验数据进行了模态参数识别。1999年于开平等[27]研究了从结构系统的脉冲响应函数的小波变换提取模态参数的方法。同时，张令弥等提出了一种改进的特征系统实现算法，这种算法先用相关滤波方法对测量数据进行预处理，然后以递推形式形成一个对称半正定矩阵，采用特征值分解代替奇异值分解以减少计算工作量和提高模态识别精度。2000年邹经湘和于开平等研究了ARMA模型与NARMA模型线性时变和非线性时不变结构系统[28]。2004年陈隽等研究了HHT方法在模态参数识别中的应用，并应用该方法识别出了青马桥在台风作用下的固有频率和阻尼比[29]。2005年庞世伟、邹经湘和于开平研究了改进随机子空间法识别线性时变结构系统模态参数[30]。

综上所述，环境激励下结构模态参数识别技术的研究经过多年的发展，特别是近几年来，不断出现新的识别方法。环境激励下模态参数时域识别方法的主要优点是：

（1）可以只使用实测的响应信号，无需经过傅立叶变换处理，因而可以避免由于信号截断而引起泄露，出现旁瓣、分辨率降低等因素对参数识别精度所造成的影响。

（2）同时利用时域方法还可以对连续运行的设备，例如发电机组、大型压缩机组进行在线参数识别。这种在实际运行工况下识别的参数真正反映了结构的实际运行特性。由于应用时域法识别结构的模态参数时只需要得到响应的时域信号，从而减少了激励设备，大大节省了测试时间和费用，这些都是频域法所不具有的优点。

然而，现存的一些时域方法也存在着一定的缺点，比如在分析信号中常常包含噪声的干扰，所识别的模态中除了系统模态外，还包含噪声模态。如何甄别和剔除噪声模态，合理的选择识别方法、模态阶数等一些参数问题，一直是时域法研究中的重要课题。

4.2.3　结构损伤诊断方法研究现状

结构损伤诊断，即对结构进行检测和评估。以确定结构是否有损伤存在，进而判别损伤的方位和程度，以及结构目前的状况、使用功能和结构损伤的变化趋势等。传统的结构损伤评估主要以手工为主，人们或是对结构的重要构件进行检察，以实现长期的监测，或是在出现特殊情况时（如发现结构出现破损时）再进行检测评估。人工检测不仅需要花费大量的人力和物力，而且还需要经过专门训练的工程师，所得的结果往往也不能满足所有的安全需要。

结构损伤检测最早被用于机械、航空领域。对于由连杆、轴承等一系列零件组成的大型机械，人们很早就对其进行了结构故障诊断。后来在 20 世纪 60 年代初期，由于航空、军工的需要，结构的损伤检测发展起来，并发展了一系列的无损检测技术。80 年代以后，随着计算机技术、信息技术和人工智能等学科知识不断的被应用到结构损伤检测中来，人们不仅开始应用各种检测手段和检测工具在现场对结构进行测试，而且还应用各种理论方法在计算机上结合有限元计算对结构的损伤状态进行分析，来识别在现场无法察觉的结构损伤，后来发展出了一门专门的技术——结构损伤诊断技术。

损伤诊断技术在土木工程结构中的发展，从国外看，早期的工业与民用建筑的损伤出现率较低，危害程度远没有机械结构那样高，而且一定程度的带伤工作是完全允许的，故土木工程的损伤检测发展较慢，多数工作属于结构可靠性评估。20 世纪 40 年代到 50 年代为探索阶段，主要是对结构缺陷原因的分析和修补方法的研究，检测工作大多采用目测为主的传统方法。60 年代到 70 年代为发展阶段，在这一阶段，人们开始注重于对结构检测技术和评估方法的研究，提出了破损检测、无损检测和物理检测等几十种现代化的检测技术，还提出了分项评价、综合评价和模糊评价等多种评价方法。80 年代以来损伤检测技术进入到了逐步完善的阶段，在这一阶段中制定了一系列的规范和标准，强调了综合评价，并引入知识工程，使结构可靠性评估向着智能化的方向迈进，研究有限元分析的专家和研究结构检测的专家结合起来开展工作、交流，推动了这一领域的研究[33,34]。我国的土木工程结构损伤诊断技术发展较晚，尤其是在水工结构中，主要的研究也是在 70 年代以后，随着结构抗震、抗风研究的发展，才逐步开始结合可靠性评估和安全维修鉴定进行结构损伤检测的研究。在近几年，随着我国重大土木工程的兴建和近年来工程事故的增多，结构损伤检测和结构健康监测得到了极大的重视，越来越多的人在从事这方面的研究，并取得了不少成果。在理论与方法研究方面提出了基于一类模式的状态识别技术、统计自学习分类技术、全息谱技术、时序分析诊断技术、智能诊断技术等。在应用研究与系统开发方面开发了单层厂房破损评估的专家系统 Raise-1、Raise-2，研制了结构损伤诊断知识系统 DAMADE 和混凝土结构裂缝诊断对策专家系统等。

基于模态参数的动力学损伤诊断技术可分为模态参数直接比较方法和由模态参数衍生出的损伤诊断方法[10]。模态参数直接比较的损伤诊断方法使用的损伤指标包括损伤前后结构的固有频率、模态振型变化和阻尼比的变化。结构的固有频率是一个全局性参数，单纯的自振频率的改变无法确定局部损伤，产生这一情况的原因是：在不同位置的某种程度的损伤会产生相同程度的频率的改变。随着模态参数识别技术的发展，结构模态振型识别的精度已经达到了结构损伤诊断的要求，人们开始致力于模态振型的变化信息去对结构进行损伤诊断。2002 年 Abdo 和 Hori 研究了结构动力特性与结构损伤特性之间的关系，研究表明，结构的扭转振型对结构的损伤较为敏感，且对于多损伤工况具有一定的鲁棒性，但是扭转振型往往不易被激出[42]。近年来，很多学者在此基础上提出了许多其他特征量，如 1986 年 Walter 提出的模态置信度因子（MAC）法[10]、1988 年 A. J. Lieven 和 D. J. Ewins 在 MAC 的基础上提出的坐标模态置信度因子法（CO-MAC）等。这些参数都可以表征结构损伤前后的模态相关性。考虑到由模态参数识别技术确定阻尼比的精度现阶段还不高，故利用阻尼比进行结构损伤诊断的技术还处于研究探索阶段。由模态参数衍生出来的结构损伤诊断方法包括曲率模态振型法、柔度矩阵法、应变模态和应变模态能法及残余应力向量法等[43-47]。

到目前为止，研究人员提出了许多颇有成效的损伤诊断方法，这些方法根据使用的识别参数或识别算法主要分为以下几类：

（1）在结构损伤检测的各种方法中，观察法是最常用的一种方法，但对于复杂的水工结构而言，这种方法显然是不可行的，因为关键的破坏一般发生在难以接近的部位或为表面所覆盖的部位。此外，局部裂缝和结构构件裂缝很难用肉眼观察到，但对结构的破坏却是不可忽视的。在土木工程中，裂缝、腐蚀和混凝土凝结破坏都是典型的损伤实例，所有这样的损伤都能降低结构的刚度。故观察法对于这些损伤就显得无能为力了[33-35]。

（2）传统的无损检测技术（NDE）包括：声发射及超声波法、射线照相法、X 光法、涡流法、磁场法、热场法、同位素法及目测法等。这些方法的最大不足是要求预先知道发生损伤的区域，并且要求能够触及检测区域，而对于人力不能到达的区域是无能为力的，因此，广泛应用受到了限制。

（3）基于静态测试数据的（位移或应变）的静态识别方法，这类方法属于反分析的方法，大都使用优化算法去解决方程数目不足的问题。

（4）基于动态测试数据的识别方法，按照振动的特征量是否使用结构的模型，可分为无模型识别方法和有模型识别方法，前者从振动频谱或时频分析而来，如频响函数法、小波分析法和时频分析等；后者则基于结构模型的模态解析方法，使用与模型有关的特征量，如固有频率、模态振型等，这种基于结构模型的损伤诊断方法是目前研究的热点问题，又可分为三种不同的方法，分别是模型匹配法、损伤指标法和模型修正法。

（5）基于机器学习理论包括神经网络在内的非线性影射方法和基于遗传算法的优化方法等。基于神经网络的结构损伤诊断方法在工程中应用的关键问题是输入参数的选择问题，研究人员已经利用各种不同的结构参数或响应成功的对结构的损伤进行了识别，这些结构参数或响应包括固有频率、模态振型、阻尼、位移、应变响应以及其组合参数等[36-40]。

总之，损伤诊断技术在建筑行业中，尤其是水利行业中的研究尚少，考虑到水工结构对国计民生的重要性，探讨水工结构的损伤诊断原理及其识别方法具有重要的现实意义。

4.3　信号预处理理论方法

信号预处理技术包括实测信号的消噪方法与模态定阶问题。信号消噪是信号处理领域的经典问题之一。一般来说，在实际的工程结构动力测试中，由于测量环境等相关因素的影响，所测量的数据一般都有一定量噪声的存在，造成损伤诊断出现误判的几率。为了更高层次的对信号进行处理，很有必要对信号进行消噪处理。信号消噪的目的是尽可能保持原信号主要特征的同时，去除信号中的噪声。本章内容将讨论如何运用有效的方法最大限度的消除信号中噪声，以提高信噪比。此外，在土木工程尤其是大型水利水电工程结构实际的模态参数识别中，所测量的信号并不能体现出结构的所有主频信息，信号往往所能够反映的只是结构的前几阶低频固有频率，如何应用有效的方法确定结构主频的数目即信号的定阶问题也是结构模态参数识别的关键因素之一。针对以上问题，本章同时对信号定阶问题进行了一些探讨。

4.3.1　振动信号消噪方法研究

4.3.1.1　基于数字带通滤波的信号消噪方法

滤波是现代通信和控制中常用的信号处理方法之一。所谓滤波就是通过对一系列带有误差的实际测量数据的处理来滤除信号中的干扰，从而尽可能地恢复一个被噪声干扰了的信息流的问题。

在信号分析中，数字滤波是通过数学运算从所采集的离散信号中选取人们感兴趣的一部分信号进行处理的方法。主要作用是滤除测试信号中的噪声成分和虚假成分、提高信噪比、抑制干扰信号、分离频率分量等。滤波器按照功能即频率范围分类有低通滤波器、高通滤波器、带通滤波器、带阻滤波器和梳妆滤波器。按照数学运算方式考虑，可分为频域滤波器和时域滤波器。

数字滤波的频域方法的特点是方法简单，计算速度快，滤波频带控制精度高，可以用来设计包括多带梳状滤波器的任意响应滤波器。但是由于其对频域数据的突然截断导致的谱泄漏会造成滤波后的时域信号出现失真变形。下面主要介绍数字带通滤波的时域方法。

信号进入滤波器后，部分频率成分可以通过，部分受到阻挡。能通过滤波器的频率称为通带，受到阻挡或被衰减成很小的频率范围称为阻带。通带和阻带的交界点称为截止频率。在滤波器的设计中，往往在通带和阻带之间留有一个由通带逐渐变化到阻带的频率范围，这个频率范围称为过渡带。

根据定义，数字滤波器的输入时间信号 $x(t)$ 与输出时间信号 $y(t)$ 在 Z 域内的关系表达式为：

$$Y(z) = H(z)X(z) \tag{4-1}$$

实现滤波功能的运算环节称为滤波器，数字滤波器可以用系统函数（传递函数）表示为：

$$H(z) = \frac{Y(z)}{X(z)} \tag{4-2}$$

数字滤波的时域方法是对信号离散数据进行差分方程来达到滤波的目的。经典数字滤波器实现方法有两种，一种是 IIR 数字滤波器，称为无限长冲击响应滤波器；另一类是 FIR 滤波器，称为有限长冲击响应滤波器。

FIR 滤波器的滤波表达式可以用差分方程的形式表达为：

$$y(n) = \sum_{k=0}^{N-1} b_k x(n-k) \tag{4-3}$$

式中：$x(n)$，$y(n)$ 为输入和输出时域信号序列；b_k 为输出系数。

有限长冲击响应 FIR 数字滤波器的特征是冲击响应，并且只能延续一定的时间，在工程实际应用中，只能采用非递归的算法来实现。一般来讲，FIR 滤波器的设计着重于线性相位滤波器的设计。其主要优点是由于具有有限长的单位冲击响应，所以总是稳定的，并且很容易使滤波器具有精确的线性相位。另外在设计中，只包含实数算法，不设计复数运算；不存在延迟失真，只有固定数量的延迟。长度为 M 的滤波器，计算量为 $M/2$ 的数量级。其主要缺点是在实现给定滤波性能的条件下，FIR 滤波器的阶数要比 IIR 滤波器高得多，相应地，时间延迟也要比同样性能的滤波器大得多。

无限长冲击响应 IIR 数字滤波器的特征是具有无限持续时间的冲击响应，由于这种滤波器一般需要用递归模型来实现，因而又称为递归滤波器，数学表达式可以定义为一个差分方程：

$$y(n) = \sum_{k=0}^{M} a_k x(n-k) - \sum_{k=1}^{N} b_k y(n-k) \tag{4-4}$$

式中：$x(n)$，$y(n)$ 为输入和输出时域信号序列；a_k、b_k 为滤波系数。

系统函数可以用下式表示：

$$H(z) = \frac{\displaystyle\sum_{k=0}^{M} a_k z^{-k}}{1 + \displaystyle\sum_{k=1}^{N} b_k z^{-k}} \tag{4-5}$$

式中：N 为滤波器的阶数，或称滤波器系统传递函数的极点数；M 为滤波器系统函数的零点数；a_k、b_k 为权函数系数。

ⅡR 数字滤波器的设计通常借助于模拟滤波器原型，再将模拟滤波器转换成数字滤波器。模拟滤波器的设计较为成熟，既有完整的设计公式，还有完整的可供查询的图表，因此充分利用这些已有的资源无疑会给数字滤波的设计带来很多便利。常用的模拟低通滤波器的原型产生函数有巴特沃斯滤波器原型、切比雪夫Ⅰ型和Ⅱ型滤波器原型、椭圆滤波器原型和贝塞尔滤波器原型。下面就带通滤波的滤波器设计进行详细介绍[3]。

通过对原型模拟低通滤波器进行频率变换可以得到不同类型的模拟滤波器。表 4-1 为模拟滤波器的频率变换公式。

表 4-1　　　　　　　　　　模拟滤波器频率变换公式

滤波器类型	截止频率	频率变换公式
低通	Ω_1	$s=s/\Omega_1$
高通	Ω_1	$s=\Omega_1/s$
带通	Ω_1，$\Omega_2(\Omega_1<\Omega_2)$	$s=(s^2+\Omega_a^2)/\Omega_b s$
带阻	Ω_1，$\Omega_2(\Omega_1<\Omega_2)$	$s=\Omega_b s/(s^2+\Omega_a^2)$

注：表中 $\Omega_a=\sqrt{\Omega_1\Omega_2}$，$\Omega_b=\Omega_2-\Omega_1$，$\Omega_2$、$\Omega_1$ 为角频率。

模拟滤波器的传递函数一般表达式为：

$$H(s)=\frac{a_0+a_1s+\cdots a_m s^m}{b_0+b_1s+\cdots b_n s^n}(m<n) \tag{4-6}$$

ⅡR 数字滤波器的传递函数一般表达式为：

$$H(Z)=\frac{e_0+e_1z^{-1}+\cdots+e_n z^{-n}}{f_0+f_1z^{-1}+\cdots+f_n z^{-n}} \tag{4-7}$$

由以上两式可知，只要能找到原型模拟滤波器中的系数集 $AB^T=[a_0,a_1,\cdots,a_m,b_0,b_1,\cdots,b_n]$，与目标ⅡR 数字滤波器中的集合集 $EF^T=[e_0,e_1,\cdots,e_n,f_0,f_1,\cdots,f_m]$ 之间的转换关系，那么ⅡR 数字滤波器的设计就可以用计算机自动进行了。下面就以带通滤波器的转换关系为例对其进行详细的介绍。

ⅡR 数字滤波器设计的起点是归一化的原型模拟低通滤波器，截止频率为 1Hz，设原型低通滤波器的传递函数为式（4-6），从表 4-1 中的模拟滤波器频率变换公式可得目标带通模拟滤波器的传递函数可表示为：

$$H_2(s)=\frac{c_0+c_1s+\cdots+c_n s^n\cdots+c_{2n}s^{2n}}{d_0+d_1s+\cdots+d_n s^n\cdots+d_{2n}s^{2n}} \tag{4-8}$$

推导原型模拟滤波器到目标模拟滤波器的传递矩阵，为讨论方便，引入函数 $f(a,b)$，并令：

$$f(a,b)=\begin{cases}0 & b<a,b<0,\text{或者 }b\text{ 不是整数}\\ \dfrac{a!}{b!(a-b)!} & \text{其他}\end{cases} \tag{4-9}$$

对于截止频率为 Ω_1、Ω_2 的带通滤波器设计，由表 4-1 中的频率变换公式可得，原型与目标模拟带通滤波器传递函数的系数之间的关系可用以下矩阵形式表示：

$$
\begin{bmatrix} c_0 \\ c_1 \\ \vdots \\ c_{2n} \end{bmatrix} = X_{nm}^{BP} S_m^{BP} \begin{bmatrix} a_0 \\ a_1 \\ \vdots \\ a_m \end{bmatrix}; \quad \begin{bmatrix} d_0 \\ d_1 \\ \vdots \\ d_n \end{bmatrix} = S_n^{BP} \begin{bmatrix} b_0 \\ b_1 \\ \vdots \\ b_n \end{bmatrix} \tag{4-10}
$$

其中：

$$
X_{nm}^{BP} = (\Omega_b)^{n-m} \begin{bmatrix} O_{n-m,2m+1} \\ I_{2m+1} \\ O_{n-m,2m+1} \end{bmatrix} \in \Re^{(2n+1)\times(2m+1)}
$$

$$
S_{nm}^{BP} = [s_{ij}^{BP}] \in \Re^{(2n+1)\times(n+1)}
$$

$$
s_{ij}^{BP} = f(j,(i+j-n)/2)\Omega_a^{j-i+n}\Omega_b^{n-j}
$$

通过双线性变换，模拟滤波器传递函数可以转换为数字滤波器的传递函数。即设模拟滤波器的传递函数为式（4-6），将双线性变换公式 $s = \dfrac{1}{T} \cdot \dfrac{1-z^{-1}}{1+z^{-1}}$ 代入式（4-6）即可得数字滤波器的传递函数为式（4-7）。定义如下两个矩阵：

$$
Y_{nm} = [y_{ij}] \in \Re^{(n+1)\times(m+1)}, \, y_{ij} = f[(n-m),(i-j)]
$$

$$
Q_n = [q_{ij}] \in \Re^{(n+1)\times(n+1)}, \, q_{ij} = \sum_{k=0}^{i}(-1)^{i-k}f(j,(i-k))f[(n-j),k]
$$

则从模拟滤波器到数字滤波器的转化可用如下矩阵形式表示：

$$
\begin{bmatrix} e_0 \\ e_1 \\ \vdots \\ e_n \end{bmatrix} = Y_{nm}nmQ_m \begin{bmatrix} a_1 \\ a_2 \\ \vdots \\ a_m \end{bmatrix}; \quad \begin{bmatrix} f_0 \\ f_1 \\ \vdots \\ f_n \end{bmatrix} = Q_n \begin{bmatrix} b_0 \\ b_1 \\ \vdots \\ b_n \end{bmatrix} \tag{4-11}
$$

ⅡR 数字滤波器的设计步骤如下：

（1）按一定规则将给出的数字滤波器的技术参数转换为模拟滤波器的技术指标。

（2）根据转换后的技术参数设计模拟滤波器 $H(s)$；考虑到一些工具箱中只提供了模拟低通滤波器，故若要设计高通、带通或带阻滤波器，首先将高通、带通或带阻的技术参数转换为低通模拟滤波器的技术参数，然后按一定规则设计出低通滤波器 $H(s)$。

（3）再按一定规则将模拟滤波器 $H(s)$ 转换为数字滤波器 $H(z)$。

下面通过一实例应用数字带通滤波 ⅡR 方法对信号进行消噪分析：某信号数学表达式 $y(t) = e^{(-0.2\times t)} \times \sin(6 \times \pi \times t) + rand(0,1)$ 为一频率为 3Hz 的正弦信号，在此基础上加上一个高斯白噪声信号，信号的原始图和通过通带为 2.5Hz 和 3.5Hz、阻带为 2Hz 和 4Hz 的带通滤波器滤波后的信号如图 4-3 和图 4-4 所示。

数字滤波方法为工程中常用的传统的消噪方法，即该方法是让信号通过一个低通或带通滤波器。结合以上实例可以发现：

（1）信号在消噪时，如果不能够准确定位信号频率的位置信息，就有可能过滤掉有用的信号信息。在大型水工结构中，可以借助于有限元的知识，了解到结构的前几阶频率范围，进而应用该种方法进行滤波处理，即可以有效地消除噪声，提高自振频率的识别精度，此部分内容在 4.4 节基于带通滤波的结构模态参数识别中进行详细介绍。

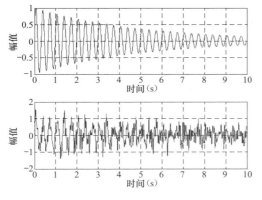

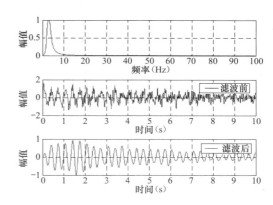

图 4-3　原始信号和加入白噪声后信号　　　图 4-4　噪声信号滤波后信号

（2）由图 4-3 和图 4-4 可以看出，由于滤波的作用基本上消除了高斯白噪声的影响，使得信号变得光滑。另外，波峰和波谷的数目与原始信号基本一致。但是信号的幅值在一定程度上有所降低。这说明滤波的作用在一定程度上也消减了信号的能量，使得信号的幅值降低。即应用基于数字滤波的方法对信号进行滤波后，若应用模态参数识别方法对阻尼比进行识别，识别结果有可能是不准确的。

4.3.1.2　基于小波理论的振动信号消噪方法

一直以来，傅里叶变换在信号处理领域占据着重要的位置，其对信号有三个基本假设：线性、高斯性和平稳性。然而在现代信号处理中，非平稳信号的处理和研究越发引人注目[4]。傅立叶分析因为是一种全局变换而无法表述信号的时频局部性质，即不能将信号的时域和频域有机的结合起来，不具备局部化分析信号的功能。此外，传统的消噪方法的不足在于使信号变换后的熵增高、无法刻画出信号的非平稳特性并且无法得到信号的相关性。为了克服上述缺点，人们开始使用小波变换解决信号消噪问题，主要包括小波分解与重构法消噪、非线性小波变换法消噪以及平移不变量小波消噪法等。下面重点对小波分解与重构消噪方法进行详细介绍。

小波变换是近十几年来发展起来的一种新的信号处理工具，其多分辨率的时频分析特性，不仅适用于平稳信号的分析处理，尤其适用于非平稳的振动信号的分析处理。应用小波变换而对信号进行消噪具有下列优点[5]：

（1）低熵性：小波系数的稀疏分布，使信号变换后的熵降低。

（2）多分辨率特性：可以非常好地刻画出信号非平稳特性，如边缘、尖峰、断点等。

（3）去相关性：可去除信号的相关性，且噪声在小波变换后有白化趋势，所以比时域更利于消噪。

（4）选基灵活性：由于小波变换可以灵活选择基函数，因此可以根据信号特点和消噪要求选择适合的小波。

小波消噪的基本原理：一般认为所携带信息的原始信号在小波域的能量相对较集中，这个特点表现为在能量密集区域的信号分解细数的绝对值较大，而噪声信号的能量谱相对分散，所以小波系数的绝对值较小。基于以上前提就可以通过小波分解，并通过作用阈值的方法过滤掉绝对值小于一定阈值的小波系数，从而达到消噪的目的。

小波消噪处理的算法：①强制消噪处理。首先将一维信号小波分解，然后把小波分解结构中的高频系数全部变为零，再对信号进行重构。这种方法比较简单，重构后的消噪信号也比较平滑，但容易丢失信号的某些高频有用成分。②给定阈值消噪处理。分为三个步骤：一维信号的小波分解；小波分解高频系数的阈值量化；一维小波的重构。

小波分析被认为是傅立叶分析方法的突破性发展，是一种新的时变信号时-频两维分析方法。与短时傅立叶分析方法的最大不同是分析精度可变，是一种通过加时变窗进行分析的方法，在时—频相平面的高频段具有高的时间分辨率和较高的频率分辨率，这正符合低频信号变化缓慢而高频信号变化迅速的特点。小波变换比短时傅立叶变换具有更好的时频窗口特性，克服了傅立叶变换中时—频分辨率恒定的弱点，因此能在具有足够时间分辨率的前提下分析信号中的短时高频成分，又能在很好的频率分辨率下估计信号中的低频，但小波分析源于傅立叶分析，小波函数的存在性证明依赖于傅立叶分析，因此，不可能完全取代傅立叶分析。本质上，小波变换仍是一种线性变换，不能用于处理非线性问题。此外，小波变换的分析分辨率仍有一定的极限，这使得变换结果在某些场合下失去了物理意义。

假设有如下测量信号：

$$f(t) = s(t) + n(t) \tag{4-12}$$

其中：$s(t)$ 为有用量测信号，$n(t)$ 为方差为 σ^2 的高斯白噪声，服从 $N(0,\sigma^2)$。显然，直接从量测信号 $f(t)$ 中把有用信号 $s(t)$ 中提取出来是十分困难的，小波的阈值消噪是通过以下三个步骤来实现的：

首先对量测信号 $f(t)$ 进行小波变换，得到一组小波系数 $w_{j,k}$；

对一维量测信号 $f(t)$ 进行离散采样后，得到的 N 点离散信号 $f(n)$，$n=0,1,\cdots,N-1$，其小波变换为：

$$Wf(j,k) = 2^{-j/2} \sum_{n=0}^{N-1} f(n)\psi(2^{-j}n-k) \tag{4-13}$$

其中：$Wf(j,k)$ 称为小波系数，简称为 $w_{j,k}$。

其次对小波系数 $w_{j,k}$ 进行阈值处理，通常使用的阈值 λ 取为：$\lambda=\sqrt{2\log(N)}$，然后采用软阈值估计方法求得估计小波系数 $\widetilde{w}_{j,k}$。

最后利用估计小波系数 $\widetilde{w}_{j,k}$ 进行小波重构，得到消噪后的估计信号 $\widetilde{f}(k)$。

应用小波变换重构公式：

$$\widetilde{f}(k) = \frac{1}{C_\psi} 2^{-j} \sum_{j=0}^{N-1} \sum_{k=0}^{N-1} \widetilde{w}_{j,k} \cdot \psi(2^{-j}n-k) \tag{4-14}$$

其中：$\widetilde{f}(k)$ 即为量测信号消噪后的信号。

下面通过某一信号，应用小波分解与重构的方法对信号进行消噪分析。某信号数学表达式：$y(t)=e^{(-0.2\times t)}\times\sin(6\times\pi\times t)+0.5\times\sin(6\times\pi\times t)+rand(0,1)$ 为一频率为 3Hz 和 10Hz 的两个正弦信号的合成，在此基础上加上一个高斯白噪声信号，通过小波消噪后，原始信号、含噪信号及消噪后信号的波形图如图 4-5 所示。

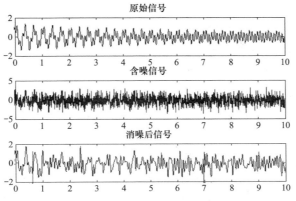

图 4-5　某原始信号、含噪信号及小波消噪信号波形图

用阈值法消噪后的估计信号有两个特性：一是噪声几乎完全得到抑制；二是反映原始信号的特征尖峰点得到很好的保留。该方法之所以特别有效，是因为小波变换具有一种"集中"能力，能够将信号的能量集中到少数几个小波系数上；而白噪声信号在任何正交基上的变换仍然是白噪声，并且有着相同的幅度。因而相对来说，信号的小波变换系数必然大于那些能量分散且幅值较小的噪声信号的小波系数而显得非常突出。故若选择一个合适的阈值，对含噪声信号的小波系数进行阈值处理，就可以达到去除噪声而不去除有用信号的目的。尽管所恢复的信号丢失了一点细节，但仍将恢复出所希望的信号。

4.3.1.3　EMD 滤波器

对任意信号 $x(t)$ 进行 EMD 分解，都可以得到一系列从高频到低频排列的固有模态分量 $c_i(t)$ 和一个残余项 $r_n(t)$。

$$x(t) = \sum_{i=1}^{n} c_i(t) + r_n(t) \tag{4-15}$$

根据信号自身的特性及可能含有噪声的特点，对 $c_i(t)$ 按照一定的规律进行组合，可以构成基于 EMD 的滤波器。

低通滤波器可表示为：

$$x_{lk}(t) = \sum_{i=k}^{n} c_i(t) + r_n(t) \tag{4-16}$$

高通滤波器可表示为：

$$x_{hk}(t) = \sum_{i=1}^{k} c_i(t) \tag{4-17}$$

带通滤波器可表示为：

$$x_{lk}(t) = \sum_{i=b}^{k} c_i(t) \tag{4-18}$$

式中：b、k 表示 $c_i(t)$ 中 i 的取值。基于 EMD 的滤波器充分保留了信号本身的特性，通过滤波器处理后可以降低或消除噪声的影响。

4.3.1.4　基于卡尔曼滤波的振动信号消噪方法

早在 1974 年，为了观察行星运动，测定谷神星运行轨道，高斯总结得到了经典的最小二乘方估计。第二次世界大战前，由于炮火指挥仪的需要，由维纳进行总结得到了称为"维纳滤波"的时间连续的平稳随机过程的预报、滤波、内插的结果。他采用频域处理方法，对一类具有有理谱密度的广义平稳随机过程给出了在"方差最小"的意义下的最优滤波器传递函数，但"维纳滤波"要求知道输入的自协方差（相应的观察功率谱密度）、观察与状态的互协方差（相应的交互功率谱密度）。为了便于计算，有人对单输入单输出系统提出了近似的递推维纳滤波算法，也有人对非平稳、多维问题进行了研究。

从 20 世纪 40 年代开始，随着数字计算的出现，实时处理需要的增长，对非平稳、多维的随机序列估计问题，卡尔曼（Kalman）和布西（Bucy）在 1960 年继承并发展了前人的实践，对估计的状态引进了动态模型表示，结合观察方程，可以不必知道观察的自协方差、观察与状态的互协方差而获得了状态的线性、无偏、最小方差估计和估计误差协方差方阵的递推形式。卡尔曼的滤波和预测理论的出现，正是坚持"时间范畴"的方法（观点）所获得的结果，给出了标准的滤波和预测的新方法。这种方法最大的特点在于：首先，叙述动态系统得"状态转移"的方法；其次，把线性滤波作为希尔伯特空间的正交投影[6-10]。

滤波的概念来源于信号的处理，是指消除所获信息中随机因素的影响，得到误差最小的状态估计。下面简述一下卡尔曼滤波方法和结果。首先，有两个基本假设：

（1）信息过程是足够精确的模型，是由白噪声所激发的线性（也可以是时变的）动态系统；

（2）每次的测量信号都包含着附加的白噪声分量。

根据这些假设，对于被噪声污染的时间信号，我们来寻找信息的最优线性估值。为此，卡尔曼滤波方法给出了五个基本关系（方程）：

（1）状态预测方程；

（2）预测误差协方差矩阵；

（3）由误差所表达的最优滤波器随时间而变化的权矩阵，增益矩阵；

（4）滤波误差协方差。

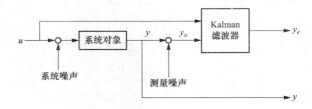

图 4-6　滤波前后输入输出信号

考虑下面的离散系统：

$$x[n+1] = Ax[n] + B(u[n]+w[n]) \qquad \text{状态矩阵} \qquad (4-19)$$
$$y[n] = Cx[n] \qquad \text{观测矩阵} \qquad (4-20)$$

式中：$w[n]$ 为在输入端加入的高斯噪声；A、B、C 为线性转换矩阵。

目标是设计 Kalman 滤波器，在给定输入 $u[n]$ 和带噪声输出测量值 $y_v[n]=Cx[n]+v[n]$ 的情况下估计系统的输出 $y_e[n]$。其中，在振动信号消噪问题中设 $u[n]=0$，$v[n]$ 是高斯白噪声。

上述问题的稳态 Kalman 滤波器方程如下：

测量值修正计算：

$$\hat{x}[n \mid n] = \hat{x}[n \mid n-1] + M(y_v[n] - C\hat{x}[n \mid n-1])\hat{x}[n+1 \mid n] = A\hat{x}[n \mid n] + Bu[n]$$

$$(4\text{-}21)$$

式中：M 为修正增益。

总之，滤波器的功能是在已知输入噪声方差的条件下尽可能消除输出信号中的噪声影响，详细介绍参见文献［6-10］。下面通过 4.3.1.1 中所述实例对其进行说明，经卡尔曼滤波后结果见图 4-7。

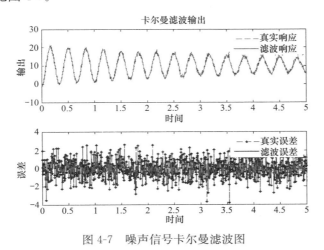

图 4-7　噪声信号卡尔曼滤波图

上述三种方法是工程信号处理的常用方法，通过以上分析可以看出三种方法都是对信号进行消噪的有效方法，然而三种方法存在着以下缺点：

（1）信号通过数字滤波技术可以很大程度上的消除噪声的影响，若将该方法应用到水工结构的模态参数识别中来，能够提高信号自振频率的识别精度。由于滤波在一定程度上牺牲了信号的能量，故将降低阻尼比的识别精度。

（2）卡尔曼滤波技术能够有效准确的对信号进行去噪处理，然而该方法需要线性转换矩阵的确定，即如果转换矩阵确定的好，所设计的卡尔曼滤波器就能够有效的对信号进行消噪，所以说，要将该方法应用到水利水电工程来还需进一步研究。

（3）小波分析所面临的一个困难就是能量泄漏问题，这是由小波基函数的限定的长度所决定的。

4.3.2　多信号分类定阶方法研究

在环境激励（流激振动）下，结构振动所有主频并不能在结构的测量信号中都有所体现，其往往只能够反映结构的低阶频率，如何确定响应数据中自振频率的数目是结构模态参数识别的关键问题之一。即接受到的信号数据为：

$$y(n) = \sum a_k \exp(j2\pi n f_k + j\phi_k) + w(n) = x(n) + w(n) \tag{4-22}$$

随机过程 $w(n)$ 是加性噪声，a_k 是幅度值，f_k 是频率值，ϕ_k 是相位，相位存在附加限制条件。典型相位条件是独立随机变量，均匀分布在 ［0，2π］。假设表明随机过程样本函数的观测数据存在多种形式。观测过程的公式如下：

$$y_m(n) = \sum_{k=1}^{p} a_k \exp(j2\pi n f_{k,m} + j\phi_{k,m}) + w_m(n) = x_m(n) + w_m(n) \tag{4-23}$$

方程（4-23）的模型为有 p 个实谐波组成的信号，因此信号有 $2p$ 个频率分量即 $\pm f_k$，$k=1$，…，p。需要解决的问题是如何确定 p，并根据 p 估计每个谐波的频率、幅度和相位。

多信号分类法即 Music 算法是一种以自相关矩阵分析为基础，将系统自相关矩阵分为两个子空间信息：信号子空间和噪声子空间。为求功率谱估计，Music 法计算信号空间和噪声空间的特征值向量函数，使得在正弦信号频率处功率谱出现峰值，而其他地方函数值最小，从而估计正弦波的数目和大致范围。

假设 $x(n)$ 是由 M 个正弦加白噪声组成的信号在 n 时刻的采样值，即：

$$x(n) = \sum_{i=1}^{M} A_i \sin(j(2\pi f_i n T_s + \varphi_i)) + w(n) \quad n = 0,1,\cdots,N-1 \tag{4-24}$$

式中：N 为采样点个数；A_i、f_i、φ_i 为 $x(n)$ 中第 i 个正弦信号的幅值、频率和相位；T_s 为采样间隔；$w(n)$ 为白噪声。$x(n)$ 的相关函数为：

$$r_x(k) = \sum_{i=1}^{M} A_i^2 \sin(\omega_i k) + P_w \delta(k) \tag{4-25}$$

式中：P_w 为白噪声的功率；$\omega_i = 2\pi f_i T_s$；$\delta(k)$ 为单位抽象函数。

定义信号矢量：

$$e_i = [1, \sin(\omega_i), \cdots, \sin(\omega_i p)]^T \quad (i = 1, \cdots, M)$$

则由 $p+1$ 个 $r_x(k)$ 组成的 $(p+1)\times(p+1)$ 阶的自相关矩阵 R_{p+1} 可以分解为：

$$R_{p+1} = S_{p+1} + W_{p+1} = \sum_{i=1}^{M} A_i^2 e_i e_i^H + P_w I \tag{4-26}$$

式中：$S_{p+1} = \sum_{i=1}^{M} A_i^2 e_i e_i^H$ 为正弦信号的自相关矩阵；I 为 $(p+1)\times(p+1)$ 阶单位矩阵。S_{p+1} 的秩最大为 M，当 $M < p+1$ 时，S_{p+1} 中将有 $p+1-M$ 个零特征值，非零特征值为 $\lambda_1 \geqslant \lambda_2 \geqslant \cdots \lambda_M$，对应得特征矢量分别为 V_1，V_2，…，V_M，零特征值对应的特征向量分别为 V_{M+1}，V_{M+2}，…，V_{P+1}，且 $V_i (i=1,2\cdots,p+1)$ 相互正交。因此有如下公式成立：

$$\begin{cases} S_{p+1} = \sum_{i=1}^{M} \lambda_i V_i V_i^H \\ I = \sum_{i=1}^{p+1} V_i V_i^H \end{cases} \tag{4-27}$$

将上式代入 4-27 得：

$$\begin{aligned} R_{p+1} &= \sum_{i=1}^{p+1} \lambda_i^2 V_i V_i^H + P_w \sum_{i=1}^{p+1} V_i V_i^H \\ &= \sum_{i=1}^{p+1} (\lambda_i + P_w) V_i V_i^H + \sum_{i=1}^{p+1} P_w V_i V_i^H \end{aligned}$$

V_{M+1}，…，V_{p+1} 为张成噪声子空间。令 $e_i=[1,\sin(\omega_i),\cdots,\sin(\omega_i p)]^T$，则 $e(\omega_i)=e_i$。

Music 方法估计的功率谱为：

$$P_{\text{music}}(\omega) = \sum_{i=M}^{P+1} \frac{1}{\|e^H V_k\|} \tag{4-28}$$

由以上计算 $R(0)$ 的估计，对 $R(0)$ 进行主特征值分解，所得特征值按照大小排列为 ω_1，ω_2，…，ω_m，σ^2，…，所以该信号包含的模态阶数由下式决定：

$$\omega_m > \alpha, \sigma^2 \leqslant \alpha \tag{4-29}$$

式中：α 为给定的分界值，一般情况下取 $\alpha=\sigma^2$，由此可确定模态阶数 m，多信号分类法（Music）确定信号阶数的计算步骤如下所述：

（1）根据 N 个观测样本值 x_1，$x_2\cdots$，x_n，估计 $P+1$ 阶自相关矩阵 R。

（2）对 R 进行主特征值分解，得到 $P-M+1$ 个特征值，对应特征向量 $v_{m+1}\cdots v_{p+1}$，$E_N=l\{v_{m+1}\cdots v_{p+1}\}$。

（3）对 R 进行排序，由式（4-29）确定模态的阶数。

4.3.3　应用实例

已知某信号：$y=e^{(-0.2t)}\times\cos(6\pi t+0.5\sin(6\pi t))+0.5\sin(20\pi t)$，理论频率为 3Hz 和 10Hz。设定采样频率为 200Hz，采样时间 10s，生成信号的时程曲线如图 4-8 所示；然后在这个信号基础上加上一个频率在 1~20Hz 之间、最大振幅为 1 的白噪声信号，最后合成信号如图 4-9 所示。

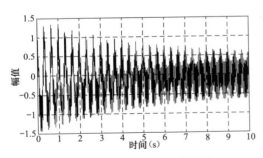

图 4-8　理论信号时间时程图

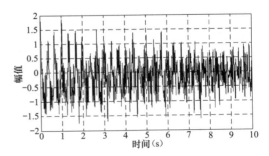

图 4-9　加入噪声后信号时程图

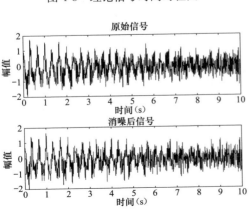

图 4-10　小波去噪前后信号时程图

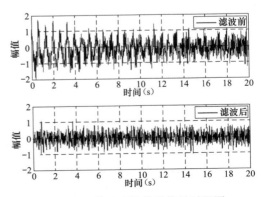

图 4-11　带通滤波前后信号时程图

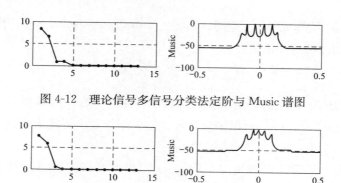

图 4-12　理论信号多信号分类法定阶与 Music 谱图

图 4-13　噪声信号多信号分类法定阶与 Music 谱图

图 4-10 和图 4-11 为分别应用小波和带通滤波法对信号进行有效的消噪，图 4-12 和图 4-13 为应用多信号分类法对信号的定阶，结果表明该信号有两个信号源的存在。从谱图上可以发现，理论信号的多信号分类法谱图峰值与噪声信号的峰值位置和个数基本一致，表明了基于多信号分类的信号定阶方法能够有效的对含噪信号进行定阶。

4.4　混凝土结构模态参数识别方法

水工结构的振动问题已经成为工程运行和设计中的关键问题之一，因此，结构在设计、运行时都需要对动力问题进行仔细的研究。进行结构动力分析时，确定结构物的固有特性（自振频率、阻尼比等）是最基本的内容。结构模态参数识别，是指以结构的动力特性为基础，通过反分析来对结构的动力参数进行识别的理论方法，是结构动力学中十分重要的研究课题之一，对建筑结构和机械结构的动力学设计方案产生非常大的影响。因此，国内外学者在此方面做了大量的研究工作。除此以外，基于结构模态参数识别的结构损伤诊断方法也是当今工程界研究的热点问题之一。故准确的工程结构损伤诊断是与精确的模态参数识别分不开的。本节内容将就结构模态参数识别的方法进行一些探讨。

模态参数识别方法从识别的信号成分来分可分为频域识别法和时域识别法。结构模态参数的频域识别方法是指在频域内识别结构模态参数的方法，是一种经典的模态参数识别方法。用频域法识别结构的模态参数，关键问题是结构实测频响函数的确定，其质量好坏，将明显影响识别的结果。质量好的实测频响函数无论用什么方法去识别，都能获得精度较高的模态参数。反之，实测频响函数太差，选用再好的识别方法，所求出的模态参数的误差也不会太小[13,14]。结构动态特性参数的时域辨识方法是一种直接从激励输入和响应输出的时域数据，根据运动微分方程、状态方程、差分方程和脉冲响应函数等模型，进行系统动态特性参数辨识的算法。这种算法适用于线性或非线性系统、平稳的或非平稳的过程。主要优点是由于其能够直接利用响应的时域信号进行模态参数识别，故特别适合于环境激励下大型土木工程结构以及设备动力特性的测试分析[15]。这也是近年来国内外学者研究的主要内容之一。在结构信号的时域内，由于动力响应之间往往存在着复杂的卷积函数关系，特别是对于短样本序列，这就给模态参数的识别带来了困难。为了解决这个问题，前人进行了大量的研究工作[13,14]。

结构的模态模型是指表征结构动态特性的一种最为常用的数学模型。在结构的动力学特征分析中，经常采用基于动态测试的试验模态分析方法，即通过测试结构系统的输入力和输出响应（位移、速度、加速度等）来获取结构的频率响应函数，是通过建立结构系统的模态模型来实现的。结构系统的频率响应函数定义为输出响应与输入力的比值，进而利用模态拟合法识别结构的模态参数（如频率、阻尼和振型等）。因此在传统的模态测试中，输入力的施加和测试是必需的。这对于一些大型水工结构，如大坝、水电站厂房、大型桥梁等实施传统的模态测试，遇到了一些实际困难。

（1）激励力的施加有一定的难度，而且费用较高。大型结构要获得有明显的动响应，需施加较大的激励力，如何产生和施加，这在工程实际中存在一定的困难。过去用小型火箭或炸药爆炸来对结构进行激励，但费用较高，且往往容易对结构造成某种程度的损坏。

（2）由于单点激励的能量往往有限，可能不能有效激出所需要的模态，多点激励又会带来模态测试和参数识别的复杂性。

（3）如对工作状况下的水工建筑物进行测试时，往往须停止运行工作，由此可能造成不必要的损失。

为了克服上述实际问题给大型工程结构模态识别带来的困难，工程界发展了基于环境激励的模态测试分析方法，即仅仅利用结构工作状况下实时测得的结构动态响应数据来直接识别结构的模态参数。目前这种模态测试方法正在被工程界，特别是土木、桥梁等工程界所普遍接受，通常意义上讲，对于建筑物，环境激励主要指地脉动和风载，而对于水工建筑而言，与其他建筑结构相比，除上述两种激励外，最主要的环境荷载是结构在运行阶段由于泄流作用所诱发的流激振动，即借助于水工建筑物在工作状态下的流激振动响应来对结构的模态参数进行识别。基于环境激励下（泄流振动下）的模态参数识别方法仅根据系统的响应就可进行参数识别，与传统的模态分析方法相比，具有以下优点：

（1）无需激励源，仅需直接测量结构在环境激励下的振动响应就可以进行模态参数识别。

（2）所需费用小，由于环境激励下，避免了激励设备等，可以有效地节约费用。

（3）安全性好，不影响建筑物的正常工作。实施人工激励可能使结构产生局部损伤，而环境激励则避免了这种情况的发生。此外，由于是在结构工作状态下的一种实验测试，故不影响建筑物的正常工作。

（4）基于环境激励下的结构模态参数识别结果满足建筑物实际的边界条件，识别出的模态参数符合工程结构的实际情况。

总之，水工建筑物一般规模庞大，自振特性的测试需要较大的瞬时，常见的方法不适用水利水电工程这样的大体积结构。鉴于水工结构流激振动响应的获取较为容易，且不会对结构产生不良影响，利用结构在流激振动下的实测响应对结构进行模态参数识别，无疑是一种很好的方法。本节内容针对现今环境激励下模态参数识别方法存在的一些问题，主要介绍了三大类模态参数识别方法，分别是：①基于带通滤波及泄流振动的模态参数识别方法；②信号分解技术在结构模态参数识别中的应用；③流激振动下水工结构模态参数的遗传识别方法。下面就各种模态参数的识别方法进行详细介绍。

4.4.1 基于带通滤波的水工结构模态参数识别方法

研究流激振动下结构模态参数识别方法，许多都是基于激励力为白噪声激励的假定建立起来的，泄流结构在泄流过程中，作用于结构上的脉动压力特性随结构位置的变化而变化，总体而言，其脉动压力谱密度可为宽带噪声谱或近似白噪声谱、窄带噪声谱以及具有优势频率的宽带噪声谱。总之，泄流激励荷载一般为上述谱中的多种组合，具有一定的激励频带和有较大的激励能量，能激发大刚度水工结构多阶模态，可近似为白噪声输入激励。

在振动信号分析中，数字滤波是通过数学运算从所采集的离散信号中选取人们所感兴趣的一部分信号进行处理的方法。其主要作用是滤除测试信号中的噪声或虚假成分、提高信噪比、平滑分析数据、抑制干扰信号、分析频率分量等。此部分内容见4.3.1。

在进行环境激励下的结构振动现场测试时，由于信号往往受到各种振源的干扰，所得到的试验数据信噪比较低。一般都要对信号进行"去噪"，这是一项很复杂的工作，稍有不当，会丢失很多有用的信号；本文将提出一种泄流振动下基于带通滤波的水工结构模态参数识别方法，此方法的本质意在"提存"，即从试验测试信号中通过数字带通滤波的方法提取出感兴趣的数据。具体操作如下，首先对原始信号进行简单的消噪后，应用各种识别方法进行直接识别，第一次识别出来的自振频率由于噪声信号的干扰，与理论值相比误差较大，但却代表了结构自振特性的大致范围。所以在第二次识别之前要进行信号"提存"，即依据第一次识别出来的频率对原始信号进行数字带通滤波（具体内容见第2章），或者由有限元模型计算出结构自振频率的大致范围，然后应用各种模态参数的时域识别方法对信号进行识别，具体流程见图4-14。

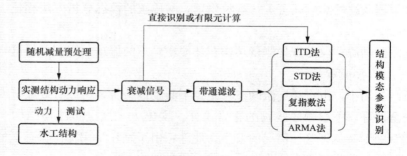

图 4-14 带通滤波动力参数识别流程图

时域识别方法所采用的原始数据实际上是结构振动响应的时间历程，主要是结构的自由振动响应，也可采用结构的冲击响应。其实质上是自由衰减振动的波形，无论用什么方法得到的波形所呈现的规律是一样的。获取这种自由振动波形的方法可以是多种的，在激励和响应信号均可测到的情况下，可先求出实测频响函数，然后做傅立叶逆变换求得脉冲响应函数作为输入数据，从而获得衰减信号。如果激励信号不可测，特别是在环境激励下对结构进行测试，则可采用随机减量法处理从测试的响应信号中获取结构的自由振动响应信号。在多个响应测点的情况下，可设一个响应较小的测点作为参照点，做其他测点和该测点的实测互相关函数，即所谓的 NExT 法。下面就各种方法进行介绍。

4.4.1.1　随机减量法

随机减量法是指从线性结构振动的一个或多个平稳随机反应样本函数中，获取该结构自由振动反应数据的一种方法，是为试验模态参数时域识别提供输入数据所进行的预处理[14-16]。该方法仅适用于白噪声信号。该方法的主要思想是利用平稳随机振动信号的平均值为零的特点，将包含有确定性信号和随机信号的两种成分的实测振动响应信号进行辨别，将确定性信号从随机信号中分离出来，得到自由衰减响应信号，而后便可利用时域方法进行识别。下面就其原理进行介绍。

流激振动下结构的位移反应可表示为：

$$y(t) = y(0)D(t) + \dot{y}(0)V(t) + \int_0^t h(t-\tau)f(\tau)\mathrm{d}\tau \qquad (4\text{-}30)$$

式中：$D(t)$ 是初始速度为 0 的结构自由振动反应；$V(t)$ 是初始位移为 0、初始速度为 1 的结构自由振动反应；$h(t)$ 是结构单位脉冲响应函数；$f(t)$ 是均值为 0 的平稳随机激励；$y(0)$、$\dot{y}(t)$ 分别为结构初始位移和初始速度。选取一个适当的振幅 A 去截取这个样本函数，可得到一系列交点 $t_i(t_i = 1, 2, 3, \cdots, n)$。对于自 t_i 时刻开始的反应 $(t - t_i)$，则有：

$$y(t-t_i) = y(t_i)D(t-t_i) + \dot{y}(t_i)V(t-t_i) + \int_i^t h(t-\tau)f(\tau)\mathrm{d}\tau \qquad (4\text{-}31)$$

将式（4-31）的时间起始点 t_i 移至坐标原点，则：

$$x_i(t) = AD(t) + \dot{y}(t_i)V(t) + \int_0^t h(t-\tau)f(\tau)\mathrm{d}\tau \qquad (4\text{-}32)$$

则 $x_i(t)$ 的统计平均为：$\dot{x}(t) \doteq AD(t)$ $\qquad\qquad (4\text{-}33)$

由此获得了初始位移为 A，初始速度为 0 的自由振动反应。然后采用 ITD、STD、Prony 及 ARMA 模型时间序列法等模态参数识别方法对结构的模态参数进行识别。

如果在实测振动响应信号中含有测量噪声时，该方法还能够抵抗噪声的干扰，因此，随机减量法在一定程度上能够提高结构模态参数识别的精度，在大型结构动力特性测试中有良好的工程应用前景。

4.4.1.2　自然激励技术法

NExT 法称为自然激励技术法[16-18]，是一种利用相关函数与传统的模态分析方法相结合的环境激励下的模态参数识别方法。基本思想是白噪声环境激励下结构两点之间响应的互相关系数和脉冲响应函数有相似的表达式，求得两点之间的响应的互相关系数后，运用时域中识别方法对结构的模态参数进行识别。对自由度为 N 的线性系统，当系统的 k 点受到力 $f_k(t)$ 的激励，系统 i 点的响应 $x_{ik}(t)$ 可表示为：

$$x_{ik}(t) = \sum_{r=1}^{2N} \phi_{ir} a_{kr} \int_{-\infty}^t e^{\lambda_r(t-p)} f_k(p)\mathrm{d}p \qquad (4\text{-}34)$$

式中：ϕ_{ir} 为第 i 测点的第 r 阶模态振型；a_{kr} 为仅同激励点 k 和模态阶次 r 有关的常数项。

当系统的 k 点受到单位脉冲力激励时，就得到系统 i 点的脉冲响应 $h_{ik}(t)$，可表示为：

$$h_{ik}(t) = \sum_{r=1}^{2N} \phi_{ir} a_{kr} e^{\lambda_r t} \qquad (4\text{-}35)$$

当系统的 k 点有输入力 $f_k(t)$ 进行激励，系统 i 点和 j 点测试得到的响应分别为 $x_{ik}(t)$ 和 $x_{jk}(t)$，这两个响应的互相关函数的表达式可以写成：

$$R_{ijk} = E[x_{ik}(t+\tau) x_{jk}(t)]$$

$$= \sum_{s=1}^{2N} \phi_{ir} \phi_{jr} a_{kr} a_{ks} \int_{-\infty}^{t} \int_{-\infty}^{t} e^{\lambda_r(t+\tau-p)} e^{\lambda_r(t-p)} E[f_k(p)f_k(q)] \mathrm{d}p \mathrm{d}q \qquad (4\text{-}36)$$

假定激励 $f(t)$ 是理想白噪声，根据相关函数的定义，则有：

$$E[f_k(p)f_k(q)] = a_k \delta(p-q) \qquad (4\text{-}37)$$

式中：$\delta(t)$ 为脉冲响应函数；a_k 为仅同激励点 k 有关的常数项。

经积分计算得：

$$R_{ijk} = \sum_{r=1}^{2N} \sum_{s=1}^{2N} \phi_{ir} \phi_{js} a_{kr} a_{ks} a_k \left(-\frac{e^{\lambda_r \tau}}{\lambda_r + \lambda_s} \right) \qquad (4\text{-}38)$$

对上式进一步的简化，经整理后得：

$$R_{ijk}(\tau) = \sum_{r=0}^{2N} b_{jr} \phi_{ir} e^{\lambda_r \tau} \qquad (4\text{-}39)$$

其中：

$$b_{jr} = \sum_{s=1}^{2N} \phi_{js} a_{kr} a_{ks} a_k \left(-\frac{1}{\lambda_r + \lambda_s} \right) \qquad (4\text{-}40)$$

由上式可知：线性系统在白噪声激励下两点响应的互相关函数和脉冲激励下的脉冲响应的数学表达式在形式上是一致的。互相关函数可以表征为一系列复指数函数的叠加形式。在这点上，相关函数具有和系统脉冲函数同样的性质。同时各测点的同阶模态振型乘以同一因子时，并不改变模态振型的特征。因此，互相关函数可以用于基于时域的模态参数识别中，用来代替脉冲响应函数，并与传统的模态识别方法结合起来进行环境激励下的结构模态参数识别。

NExT 法识别模态参数的过程是首先将采样得到振动响应数据进行互相关计算，在进行多个测点的模态参数识别处理中，需要选取某个测点作为参考点。一般情况下，选取响应较小的测点作为参考点，计算其他参考点的互相关函数，然后，将计算出来的互相关函数，利用诸如 ITD 法、STD 法、复指数（Prony）法以及 ARMA 模型时序法等传统的时域模态识别方法进行参数识别。NExT 法是假设为白噪声，对输出的环境噪声具有一定的抗干扰能力。

4.4.1.3 ITD 法

ITD 法[16-18]是于 20 世纪 70 年代由 S. R. Ibrahim 提出的一种用结构自由振动响应的位移、速度或加速度的时域信号进行模态参数识别的方法。基本思想是以黏性阻尼线性系统多自由度系统的自由衰减响应可以表示为各阶模态的组合理论为基础，根据测得的衰减响应信号进行三次不同延时的采样，构造自由响应采样数据的增广矩阵，即自由衰减响应数据矩阵，并由响应与特征值之间的复指数关系，建立特征矩阵的数学模型，求解特征值问题，得到模型数据的特征值和特征向量，再根据模型特征值与振动系统特征值的关系，求解出系统的模态参数。

一个多自由度系统的自由振动响应的运动微分方程为：

$$[M]\{\ddot{x}(t)\} + [C]\{\dot{x}(t)\} + [K]\{x(t)\} = 0 \tag{4-41}$$

假定式（4-41）的解可以表示为：

$$\{x(t)\}_{N\times1} = [\varphi]_{N\times2N}\{e^{st}\}_{2N\times1} \tag{4-42}$$

式中：$\{x(t)\}$ 为系统的自由振动响应向量；$[\varphi]$ 为系统的振型矩阵即特征向量矩阵；s_r 为系统的第 r 阶特征值；N 为系统的自由度数，也是系统的模态阶数。

因此将式（4-42）代入式（4-41），得：

$$(s^2[M] + s[C] + [K])[\varphi] = 0 \tag{4-43}$$

对于小阻尼的线性系统，方程的特征根 s_r 是复数，并以共轭复数的形式成对出现，即：

$$\begin{cases} s_r = -\xi_r\omega_r + j\omega_r\sqrt{1-\xi_r^2} \\ s_{r_r}^* = -\xi_r\omega_r - j\omega_r\sqrt{1-\xi_r^2} \end{cases} \tag{4-44}$$

式中：ω_r 为对应第 r 阶模态的固有频率；ξ_r 为相应的阻尼比。

于是系统的第 i 测点在 t_k 时刻的自由振动响应可表示为各阶模态单独响应的集合形式：

$$x_i(t_k) = \sum_{r=1}^{N}(\varphi_{ir}e^{s_rt_k} + \varphi_{ir}^*e^{s_r^*t_k}) = \sum_{r=1}^{M}\varphi_{ir}e^{s_rt_k} \tag{4-45}$$

式中：φ_{ir} 为 r 阶振型向量 $\{\varphi_{ir}\}$ 的第 i 分量，并且设 $\varphi_{i(N+r)} = \varphi_{ir}^*$、$s_{N+r} = s_r^*$；$M$ 为系统自由度数的 2 倍，即 $M=2N$。

设被测系统中共有 n 个实际测点，测试得到 L 个时刻的系统自由振动响应值，且 L 比 M 大得多。通常，实际测点数往往小于系统自由度数的 2 倍（即 M）。甚至在很多情况下实际测点只有 1 个。为了使测点数等于 M，需要采用延时方法由实际测点构造虚拟测点。延时可取采样时间间隔 Δt 的整数倍。若令该整数倍为 1，虚拟测点的自由振动响应可以表示为：

$$\begin{cases} x_{i+n}(t_k) = x_i(t_k + \Delta t) \\ x_{i+2n}(t_k) = x_i(t_k + 2\Delta t) \\ \vdots \end{cases} \tag{4-46}$$

这样便得到由实际测点和虚拟测点组成的 M 个测点在 L 个时刻的自由振动响应值所建立的响应矩阵 $[X]$，即：

$$[X]_{M\times L} = \begin{bmatrix} x_1(t_1) & x_1(t_2) & \cdots & x_1(t_L) \\ x_2(t_1) & x_2(t_2) & \cdots & x_2(t_L) \\ \vdots & \vdots & & \vdots \\ x_n(t_1) & x_n(t_2) & \cdots & x_n(t_L) \\ \vdots & \vdots & & \vdots \\ x_M(t_1) & x_M(t_2) & \cdots & x_M(t_L) \end{bmatrix} \tag{4-47}$$

令 $x_{ik}=x_i(t_k)$，并将式（4-45）代入式（4-47），建立响应矩阵的关系式：

$$
\begin{bmatrix}
x_{11} & x_{12} & \cdots & x_{1L} \\
x_{21} & x_{22} & \cdots & x_{2L} \\
\vdots & \vdots & & \vdots \\
x_{M1} & x_{M2} & \cdots & x_{ML}
\end{bmatrix}
=
\begin{bmatrix}
\varphi_{11} & \varphi_{12} & \cdots & \varphi_{1M} \\
\varphi_{21} & \varphi_{22} & \cdots & \varphi_{2M} \\
\vdots & \vdots & & \vdots \\
\varphi_{M1} & \varphi_{M12} & \cdots & \varphi_{MM}
\end{bmatrix}
\begin{bmatrix}
e^{s_1 t_1} & e^{s_1 t_2} & \cdots & e^{s_1 t_L} \\
e^{s_2 t_1} & e^{s_2 t_2} & \cdots & e^{s_2 t_L} \\
\vdots & \vdots & & \vdots \\
e^{s_M t_1} & e^{s_M t_2} & \cdots & e^{s_M t_L}
\end{bmatrix}
\tag{4-48}
$$

或简写为：

$$
[X]_{M\times L} = [\Phi]_{M\times M}[\Lambda]_{M\times L} \tag{4-49}
$$

将包括虚拟测点在内的每一测点延时 Δt，则由式（4-45）可得：

$$
\tilde{x}_i(t_k) = x_i(t_k+\Delta t) = \sum_{r=1}^{2N}\varphi_{ir}e^{s_r(t_k+\Delta t)} = \sum_{r=1}^{2N}\varphi_{ir}e^{s_r\Delta t}e^{s_r t_k} = \sum_{r=1}^{2N}\tilde{\varphi}_{ir}e^{s_r t_k} \tag{4-50}
$$

其中：

$$
\tilde{\varphi}_{ir} = \varphi_{ir}e^{s_r\Delta t} \tag{4-51}
$$

由 M 个测点在 L 个时刻的响应所构成延时 Δt 的响应矩阵可表示为：

$$
[\tilde{X}]_{M\times L} = [\tilde{\Phi}]_{M\times M}[\Lambda]_{M\times L} \tag{4-52}
$$

$$
[\tilde{\Phi}]_{M\times M} = [\Phi]_{M\times M}[\alpha]_{M\times M} \tag{4-53}
$$

将式（4-53）代入式（4-52）得：

$$
[\tilde{X}]_{M\times L} = [\Phi]_{M\times M}[\alpha]_{M\times M}[\Lambda]_{M\times L} \tag{4-54}
$$

式中：$[\alpha]$ 为对角矩阵，对角上的元素为：

$$
\alpha_r = e^{s_r\Delta t} \tag{4-55}
$$

由式（4-47）和式（4-48）消去 $[\Lambda]$，经过整理后得：

$$
[A][\Phi] = [\Phi][\alpha] \tag{4-56}
$$

式中：矩阵 $[A]$ 为方程 $[A][X]=[\tilde{X}]$ 单边最小二乘解。

式（4-56）是标准的特征方程。矩阵 $[A]$ 的第 r 阶特征值为 $e^{s_r\Delta t}$，相应特征向量为特征向量矩阵 $[\Phi]$ 的第 r 列。设求得的特征值为 V_r，则：

$$
V_r = e^{s_r\Delta t} = e^{(-\zeta_r\omega_r+j\omega_r\sqrt{1-\zeta_r^2})\Delta t} \tag{4-57}
$$

由此可求得系统的模态频率 ω_r 和阻尼比 ζ_r，即：

$$
\omega_r = \frac{|\ln V_r|}{2\pi\Delta t} = \frac{s_r}{2\pi} \tag{4-58}
$$

$$
\zeta_r = \sqrt{\frac{1}{1+\left(\dfrac{\mathrm{Im}(\ln V_r)}{\mathrm{Re}(\ln V_r)}\right)^2}} \tag{4-59}
$$

为计算模态振型，需要先求出留数。设测点 p 的第 r 阶模态留数为 A_{rp}，可用下列公式计算留数：

$$
\begin{bmatrix}
e^{s_1 t_1} & e^{s_2 t_1} & e^{s_{2N} t_1} \\
e^{s_1 t_2} & e^{s_2 t_2} & e^{s_{2N} t_2} \\
\vdots & \vdots & \vdots \\
e^{s_1 t_{L1}} & e^{s_2 t_L} & e^{s_{2N} t_L}
\end{bmatrix}
\begin{Bmatrix}
A_{1p} \\
A_{2p} \\
\vdots \\
A_{(2N)p}
\end{Bmatrix}
=
\begin{Bmatrix}
x_p(t_1) \\
x_p(t_2) \\
\vdots \\
x_p(t_L)
\end{Bmatrix}
\tag{4-60}
$$

或简写成：

$$[V]_{L\times 2N}\ \{\varphi\}_{2N\times 1}=\{h\}_{L\times 1} \tag{4-61}$$

用伪逆法可求得上面方程组的最小二乘解。

振型向量可以通过对一系列响应测点求出的留数处理得到。对于一个有 n 个响应测点的结构，首先需要从 n 个对应同一阶模态的留数中找出绝对值最大的测点，假设该测点是 k，则对应第 r 阶模态的归一化复振型向量可由下式求出：

$$\{\varphi_r\}=[A_{r1}\quad A_{r2}\quad \cdots \quad A_{rM}]^T/A_{rk} \tag{4-62}$$

4.4.1.4　STD 法

STD 法[16-18]实质上是 ITD 法的一种节省时间的新的解算过程，于 1986 年由 Ibrahim 提出。与 ITD 法相比，计算速度快、精度高。其原理与 ITD 法一样，只是构造了 Hessenberg 矩阵，避免了对求特征值的矩阵进行分解。

STD 法的具体求解过程和 ITD 法一样，首先需要构造自由振动响应矩阵和自由振动延时响应矩阵。设 Δt 为时间间隔，取包括实际和虚拟测点的 $M(=2N)$ 个测点，$L(>2N)$ 个时刻实测数据构成的自由振动响应矩阵的关系式为：

$$[X]_{M\times L}=[\Phi]_{M\times M}[\Lambda]_{M\times L} \tag{4-63}$$

取 M 个测点，延时 Δt 的 L 个时刻的实测数据构成的自由振动延时响应矩阵的关系式为：

$$[\widetilde{X}]_{M\times L}=[\widetilde{\Phi}]_{M\times M}[\Lambda]_{M\times L} \tag{4-64}$$

其中：

$$\widetilde{x}_i(t_k)=x_i(t_k+\Delta t)=x(t_{k+1}) \tag{4-65}$$

由式（4-63）和式（4-64）的等号两边同时右乘 $[\Lambda]^{-1}$，整理后得：

$$[\Phi]=[X][\Lambda]^{-1} \tag{4-66}$$

$$[\widetilde{\Phi}]=[\widetilde{X}][\Lambda]^{-1} \tag{4-67}$$

将式（4-66）和式（4-67）代入式（4-52）可得：

$$[\widetilde{X}][\Lambda]^{-1}=[X][\Lambda]^{-1}[\alpha] \tag{4-68}$$

根据式（4-62），可以看出 $[X]$ 与 $[\widetilde{X}]$ 之间存在线性关系，即：

$$[\widetilde{X}]=[X][B] \tag{4-69}$$

且矩阵 $[B]$ 具有如下形式：

$$[B]=\begin{bmatrix} 0 & 0 & 0 & \cdots & 0 & b_1 \\ 1 & 0 & 0 & \cdots & 0 & b_2 \\ 0 & 1 & 0 & \cdots & 0 & b_3 \\ \vdots & \vdots & \vdots & & \vdots & \vdots \\ 0 & 0 & 0 & \cdots & 1 & b_M \end{bmatrix} \tag{4-70}$$

显然 $[B]$ 是一个仅有一列未知元素的 Hessenberg 矩阵，为求这列未知元素，由式（4-69）可知：

$$[X]\{b\}=\{\widetilde{x}\}_M \tag{4-71}$$

其中：

$$\{b\}=[b_1,\ b_2,\ \cdots,\ b_{2N}]^T \tag{4-72}$$

$\{\widetilde{x}\}_M$ 为矩阵 $[\widetilde{X}]$ 的第 M 列元素。

则 $\{b\}$ 的最小二乘解可用伪逆法表示为：

$${b} = ([X][X]^T)^{-1}[X]^T\{\tilde{x}\}_M \tag{4-73}$$

将已知 $\{b\}$ 代入，可得到 $[B]$，将式（4-69）代入式（4-68），经整理后得：

$$[B][\Lambda]^{-1} = [\Lambda]^{-1}[\alpha] \tag{4-74}$$

式（4-74）是一个标准的特征方程。由矩阵 $[B]$ 的特征值 $e^{s_r\Delta}(r=1,2,\cdots,2N)$，按式（4-58）和式（4-59）可得模态频率和阻尼比。由式（4-60）、式（4-61）及式（4-62）可获得结构的振型。

采用 QR 法求解一般矩阵的特征值问题时，需先将原矩阵转化为 Hessenberg 矩阵，由于 $[B]$ 已经是 Hessenberg 矩阵，不需进行转换，因此节省计算时间和计算机的内存。另外，与 ITD 法相比，STD 法由于考虑到测量噪声的影响，所以说还能提高识别精度。

4.4.1.5 复指数法

Prony 法[16-18]即复指数法，是根据结构的自由振动响应或脉冲响应函数可以表示为复指数函数和的形式，然后用线性方法来确定未知参数。主要思想是从振动微分方程的振型叠加法原理出发，建立动力响应与模态参数之间的关系表达式，通过对脉冲响应函数进行拟合可以得到完全的模态参数，获得了很好的拟合效果。其原理如下：

$$y_k = \sum_{i=1}^{M} \phi_n e^{\lambda_i t_i} = \sum_{i=1}^{M} \phi_n e^{\lambda_i k\Delta_i} = \sum_{t=1}^{M} \phi_n Z_i^k \tag{4-75}$$

其中：
$$Z_i = e^{\lambda_i \Delta} \tag{4-76}$$

定义变量 α_l 使

$$\sum_{i=0}^{M} \alpha_{M-1} Z_l = \prod_{l=1}^{M} (Z - Z_l) = 0 \tag{4-77}$$

显然 $\alpha_0 = 1$。为了确定 $\alpha_l(l=1,2,3,\cdots,M)$，由式（4-75）、式（4-77）有：

$$\sum_{l=1}^{M} \alpha_{M-1} y_r(k+l) = \sum_{l=1}^{M} \alpha_{M-1} \left(\sum_{t=1}^{M} \phi_n Z_i^{k+l} \right) = \sum_{t=1}^{M} \phi_n Z_i^{k+l} \left(\sum_{i=1}^{M} \alpha_{M-1} Z_i^l \right) = 0 \tag{4-78}$$

由于 $\alpha_0 = 1$，故上式可写为：

$$\sum_{l=1}^{M} \alpha_{M-1} y_r(k+l) = -y_r(M+k) \tag{4-79}$$

令上式中的 $k=0,1,2,\cdots,M-1$，可得 M 个线性方程，从而可解得 M 个未知数 $\alpha_1,\alpha_2,\alpha_3,\cdots,\alpha_M$，将 α_i 代入式（4-77）可解得 Z_i。再由式（4-79）可得复频率 λ_i：

$$\lambda_i = \frac{1}{\Delta t} \ln Z_i \tag{4-80}$$

复指数 λ_i 与复模态 ω_i 与阻尼比的关系为：

$$\lambda_i = -\xi_i \omega_i + j\omega_i \sqrt{1-\xi_i^2} \tag{4-81}$$

$$\omega_i = \sqrt{\lambda_i \lambda_i^*} \tag{4-82}$$

$$\xi_i = \frac{\lambda_i + \lambda_i^*}{2\omega_i} \tag{4-83}$$

为了求振型，可令式（4-75）中的 $k=0,1,\cdots,M-1$，此时 Z_i 已知，则由 M 个线性方程，可解得 M 个未知数 $\phi_{n_i}(i=1,2,\cdots,M)$。

复指数法不依赖于模态参数的初始估计值。其优点在于将一个非线性拟合法问题变为线性问题来处理；缺点是为了选择正确的模态阶数，要进行多次假定识别，这是非常浪费时间的。

4.4.1.6　ARMA 模型时间序列法

ARMA 模型时间序列法简称为时序分析法[16-18]，是一种利用参数模型对有序随机振动响应数据进行处理，从而进行模态参数识别的方法。参数模型包括 AR 自回归模型、MA 滑动平均模型和 ARMA 自回归滑动平均模型。原理如下所述：

N 个自由度的线性系统激励与响应之间的关系可用高阶微分方程来描述，在离散时间域内，该微分方程变成由一系列不同时刻的时间序列表示的差分方程，即 ARMA 时序模型方程：

$$\sum_{k=0}^{2N} a_k x_{t-k} = \sum_{k=0}^{2N} b_k f_{t-k} \tag{4-84}$$

式（4-84）表示响应数据序列 x_t 与历史值 x_{t-k} 的关系，其中等式的左边称为自回归差分多项式，即 AR 模型，右边称为滑动平均差分多项式，即 MA 模型。$2N$ 为自回归模型和滑动均值模型的阶次，a_k、b_k 分别表示待识别的自回归系数和滑动均值系数，f_t 表示白噪声激励。当 $k=0$ 时，设 $a_0=b_0=1$。

由于 ARMA 方程 $\{x_t\}$ 具有唯一的平稳解为：

$$x_t = \sum_{i=0}^{\infty} h_i f_{t-i} \tag{4-85}$$

式中：h_i 为脉冲响应函数。

x_t 的相关函数为：

$$R_\tau = E[x_t x_{t+\tau}] = \sum_{i=0}^{\infty} \sum_{k=0}^{\infty} h_i h_k E[f_{t-i} f_{t+\tau-k}] \tag{4-86}$$

f_t 是白噪声，故：

$$E[f_{t-i} f_{t+\tau-k}] = \begin{cases} \sigma^2 & (k = \tau + i) \\ 0 & (\text{其他}) \end{cases} \tag{4-87}$$

式中：σ^2 为白噪声方差。

将此结果代入式（4-86），即可得：

$$R_\tau = \sigma^2 \sum_{i=0}^{\infty} h_i h_{i+\tau} \tag{4-88}$$

因为线性系统的脉冲响应函数 h_t 是脉冲信号 δ_t 激励该系统时的输出响应，故由 ARMA 方程定义的表达式为：

$$\sum_{k=0}^{2N} a_k h_{t-k} = \sum_{k=0}^{2N} b_k \delta_{t-k} = b_t \tag{4-89}$$

利用式（4-88）和式（4-89）可以得出：

$$\sum_{k=0}^{2N} a_k R_{l-k} = \sigma^2 \sum_{i=0}^{\infty} h_i \sum_{k=0}^{2N} a_k \delta_{i+l-k} = \sigma^2 \sum_{i=0}^{\infty} h_i b_{i+l} \tag{4-90}$$

对于一个 ARMA 方程，当 k 大于其阶次 $2N$ 时，参数 $b_k=0$。故当 $l>2N$ 时，

式（4-90）恒等于零，于是有：

$$R_l + \sum_{k=1}^{2N} a_k R_{l-k} = 0 \quad (l > 2N) \tag{4-91}$$

或写成：

$$\sum_{k=1}^{2N} a_k R_{l-k} = -R_l \quad (l > 2N) \tag{4-92}$$

设相关函数的长度为 L，并令 $M = 2N$。对应不同的 l 值，由代入以上公式可得一组方程：

$$\begin{cases} a_1 R_M + a_2 R_{M-1} + \cdots + a_M R_1 = R_{M+1} \\ a_1 R_{M+1} + a_2 R_M + \cdots + a_M R_2 = R_{M+2} \\ \quad\quad\quad\quad\quad \vdots \\ a_1 R_{L-1} + a_2 R_{L-2} + \cdots + a_M R_{L-M} = R_L \end{cases} \tag{4-93}$$

将式（4-93）方程组写成矩阵形式，则有：

$$\begin{bmatrix} R_M & R_{M-1} & \cdots & R_1 \\ R_{M+1} & R_M & \cdots & R_2 \\ \vdots & \vdots & & \vdots \\ R_{L-1} & R_{L-2} \cdots & R_{L-M} \end{bmatrix} \begin{Bmatrix} a_1 \\ a_2 \\ \vdots \\ a_M \end{Bmatrix} = \begin{Bmatrix} R_{M+1} \\ R_{M+2} \\ \vdots \\ R_L \end{Bmatrix} \tag{4-94}$$

或写为：

$$[R]_{(L-M) \times M} \{a\}_{M \times 1} = \{R'\}_{(L-M) \times 1} \tag{4-95}$$

式（4-95）为推广的 Yule-walker 方程。一般情况下，由于 L 比 $2N$ 大得多，采用伪逆法可求得方程组得最小二乘解，即：

$$\{a\} = ([R]^T [R])^{-1} ([R]^T \{R'\}) \tag{4-96}$$

由此求得自回归系数 $a_k (k = 1, 2, \cdots, 2N)$。

滑动平均模型系数 $b_k (k = 1, 2, \cdots, N)$ 可通过以下非线性方程组来求解：

$$\begin{cases} b_0^2 + b_1^2 + \cdots + b_M^2 = c_0 \\ b_0 b_1 + \cdots + b_{M-1} b_M = c_1 \\ \quad\quad\quad \vdots \\ b_0 b_M = c_M \end{cases} \tag{4-97}$$

其中：

$$c_k = \sum_{i=0}^{2N} \sum_{j=0}^{2N} a_i a_j C_{k-i+j} (k = 0, 1, 2, \cdots, 2N) \tag{4-98}$$

式中：C_k 为响应序列 x_t 的自协方差函数。

滑动平均模型 MA 系数 b_k 的估算方法很多，主要有基于 Newton-Raphson 算法的迭代最优化方法和基于最小二乘原理的次最优化方法。

当求得自回归系数 a_k 和滑动均值系数 b_k 后，可以通过 ARMA 模型传递函数的表达式计算系统的模态参数，ARMA 模型的传递函数为：

$$H(z) = \frac{\sum_{k=0}^{2N} b_k z^{-k}}{\sum_{k=0}^{2N} a_k z^{-k}} \tag{4-99}$$

用高次代数方程求解方法计算分母多项式方程的根：

$$\sum_{k=0}^{2N} a_k z^{-k} = 1 + a_1 z^{-1} + a_2 z^{-2} + \cdots + a_{2N} z^{-2N} = 0 \qquad (4\text{-}100)$$

或表示成以下形式的方程：

$$z^{2N} + a_1 z^{2N-1} + \cdots + a_{2N-1} z + a_{2N} = 0 \qquad (4\text{-}101)$$

求解得到的根为传递函数的极点，与系统的模态频率 ω_k 和阻尼比 ξ_k 的关系为：

$$\begin{cases} z_k = e^{s_k \Delta t} = e^{(-\xi_k \omega_k + j\omega_k \sqrt{1-\xi_k^2})\Delta t} \\ z_k^* = e^{s_k^* \Delta t} = e^{(-\xi_k \omega_k - j\omega_k \sqrt{1-\xi_k^2})\Delta t} \end{cases} \qquad (4\text{-}102)$$

并且由式（4-102）可求得模态频率 ω_r 和阻尼比 ξ_r，即：

$$\omega_r = \frac{|\ln z_r|}{2\pi \Delta t} = \frac{s_r}{2\pi} \qquad (4\text{-}103)$$

$$\xi_r = \sqrt{\frac{1}{1 + \left(\dfrac{\mathrm{Im}(\ln z_r)}{\mathrm{Re}(\ln z_r)}\right)^2}} \qquad (4\text{-}104)$$

为计算模态振型，需要先求出留数。设 q 点激励 p 点响应的传递函数 $H_{pq}(s)$ 的第 k 阶留数为 A_{kpq}，可用下式计算留数：

$$A_{kpq} = \lim_{z \to z_k} H_{pq}(z)(z - z_k) = \left. \frac{\sum\limits_{k=0}^{2N} b_k z^{-k}}{\sum\limits_{k=0}^{2N} a_k z^{-k}} (z - z_k) \right|_{z = z_k} \qquad (4\text{-}105)$$

振型向量可以通过对一系列响应测点求出的留数处理得到。对于一个有 n 个响应测点的结构，首先需要从 n 个对应同一阶模态的留数中找出绝对值最大的测点，假设该点是测点 m，对应第 k 阶模态的归一化复振型向量可由下式求出：

$$\{\phi_k\} = [A_{k1q} \quad A_{k2q} \quad \cdots \quad A_{knq}]^T / A_{kmq} \qquad (4\text{-}106)$$

4.4.2　基于信号分解技术的结构模态参数识别方法研究

经典的模态参数辨识方法已经相当成熟，这类方法通过建立系统的时域或频域输入输出模型，即系统的传递函数矩阵、时序递推方程或状态方程来辨识系统的模态参数，因而需要完整的输入输出信号。然而在实际情况下完整的输入输出信号有时难以获得，如测试大型结构、运行中的设备等，这时激励的能量要求高或激励是困难的。最近提出的基于环境激励的模态参数识别方法认为系统所处环境能够提供充分的激励，并在一定的假设下仅通过输出信号即可辨识系统的模态参数，回避了经典方法的困难。而基于信号分解技术的信号识别即是一种环境激励下结构模态参数的识别方法，该类方法根据信号的某些特征对信号进行分解和重构，其目的是有效的滤除噪声，在低频段准确的识别结构的模态参数，下面就主要应用的三类信号分解方法进行介绍。

4.4.2.1　基于小波分解的结构模态参数识别方法

小波变换的思想来源于对信号进行线性尺度变换的方法，即伸缩与平移方法，已成为数学中现代分析学的一个重要分支。与 STFT 和 Wigner 变换的不同之处在于：小波变换并不是直接在时间-频率相空间内表达信号，而是将信号表示在时间-尺度相空间，每一尺度对应于一定的频率范围，小波变换将信号逐尺度的分解为近似信号和细节信号，即具有多分辨率分析的特点。小波变换在每一尺度上的时频分辨率遵循不确定性原理，但在不同尺度上，其多分辨率分析的特点使之既可以用于信号高频成分的精确定位，又可以用于低频成分的趋势估计。小波变换分析信号的出发点在于以不同的分辨率观察信号，粗略观察信号是平稳的，而精确观察可以发现信号在细节处不连续性变得明显。小波分析的特点是"既要看到森林（相貌），又要看到树木（细节）"。因此，小波具有数学显微镜之称。

由短时傅立叶变换发展起来的小波变换技术，是最近 20 年来数学界重要的研究成果之一，它的"聚焦"功能在分析检测高频分量时，时间窗自动变窄，频窗高度增加，而在检测低频信号时，时间窗自动变宽，频率窗口高度减小，实现了时—频窗口的自适应变化，是一种恒 Q（品质因子）的滤波技术，与非平稳过程的天然联系，必将为研究非线性非平稳随机动力学开辟新的途径[19-25]。信号分解包括信号的连续小波分解，信号的离散小波分解及信号的小波包分解。

（1）信号的连续小波分解。

对于任意的函数 $f(t) \in L^2(R)$ 的连续小波变换如下：

$$W_f(a,b) = <f,\psi_{a,b}> = |a|^{-\frac{1}{2}} \int_R f(t) \overline{\psi\left(\frac{t-b}{a}\right)} \mathrm{d}t \tag{4-107}$$

从连续小波变换的定义可以看出，尺度 $1/a$ 在一定意义上对应于频率 $\overline{\omega}$，即尺度越小，对应频率越高，尺度越大，对应频率越低。

（2）信号的离散小波分解。

为了减小小波变换系数的冗余度，将小波变换基函数 $\psi_{a,b} = |a|^{-\frac{1}{2}} \overline{\psi\left(\frac{t-b}{a}\right)}$ 的 a、τ 限定在一些离散的点上取值，即可得到离散小波变换函数：

$$\psi_{j,k}(t) = a_0^{-\frac{1}{2}} \psi\left(\frac{t - ka_0^j b_0}{a_0^j}\right) = a_0^{-\frac{1}{2}} \psi(a_0^{-j}t - kb_0) \tag{4-108}$$

相应的离散小波变换可表示为：

$$C_{j,k} = <f,\psi_{j,k}> = \int_{-\infty}^{\infty} f(t)\psi_{j,k}^*(t)\mathrm{d}t \tag{4-109}$$

（3）信号的小波包分解。

为了克服小波分解在高频段的频率分辨率差，而在低频段时间分辨率较差的缺点，人们在小波分解的基础上提出了小波包分解。小波包分解提高了信号的时频分辨率，是一种更精细的信号分析方法。

信号的小波包分解算法是：由 $\{d_l^{j+1,n}\}$ 求 $\{d_l^{j,2n}\}$ 与 $\{d_l^{j,2n+1}\}$。

$$\begin{cases} d_l^{j,2n} = \sum_k h_{k-2l} d_k^{j+1,n} \\ d_l^{j,2n+1} = \sum_k g_{k-2l} d_k^{j+1,n} \end{cases} \tag{4-110}$$

　　总之，由于信号的发展趋势往往代表信号的低频部分，因此通过信号的多尺度分解就可以分离出信号的频率，详细内容见文献[19-21]。

4.4.2.2　基于 EMD 分解的结构模态参数识别方法

　　傅立叶变换在传统的信号分析与处理的发展史上发挥了重要的作用。其是一种全局变换，对于平稳信号很有效，但用于分析非平稳信号缺乏物理意义，即不能够反映信号在时域内的瞬息变化。为了解决傅立叶变换的限制性，提出了时频分析，即同时用时间和频率来表示信号，并将信号能量分布于二维时频平面上，时频变换不仅反映了信号从整个时域到频域的性质，而且可以反映信号在时域内的瞬息万变，有利于信号特征的提取。已有的时频分析方法很多，目前较典型的有短时 Fourier 变换（STFT）、Wigner-Ville 分布、小波变换（WT）等。但是，此类方法大部分仍然依赖于傅立叶分析方法，不能够从根本上摆脱傅立叶分析的局限。

　　1996 年，美籍华人 Norden E. Huang 等人在对瞬时频率的概念进行了深入的研究后，创立了 Hilbert-Huang 变换的新方法。这一方法创造性的提出了固有模态信号的新概念以及将任意信号分解为固有模态信号组成的方法——经验模态分解法（EMD 方法）。从而赋予了瞬时频率合理的定义、物理意义和求法，初步建立了以瞬时频率为表征信号交变的基本量，以固有模态信号为基本时域分析方法体系。这一方法体系从根本上摆脱了傅立叶变换理论的束缚，能很好的解释以往将瞬时频率定义为解析信号相位的导数时容易产生的一些所谓"悖论"，在实际应用中也已表现出了一些独特的优点。EMD 分解是建立在如下假设之上的：①时间信号至少有两个极值——一个极大值和一个极小值；②时间特征尺度由连续极值的时间间隔决定；③如果 $x(t)$ 没有极值而只有拐点，那么可对 $x(t)$ 进行一阶或多阶的微分来获得极值，最终再通过对分量的积分得到结果。

　　EMD 方法的大体思想是用波动的上、下包络线的平均值去确定"瞬时平均位置"，进而提取出本征模态函数。筛选步骤如下：

　　(1) 找出数据序列的所有局部极大值。在这里，为更好保留原序列的特性，局部极大值定义为时间序列中的某个时刻的值，其前一时刻的值不比它大，后一时刻的值也不比它大。而后用三次样条函数进行拟合，得到原序列的上包络线 $x_{\max}(t)$。同样，可以得到序列的下包络线 $x_{\min}(t)$。

　　(2) 对上下包络线上的每个时刻的值取平均，得到瞬时平均值 m_1。

$$m_1 = [x_{\max}(t) + x_{\min}(t)]/2 \tag{4-111}$$

　　(3) 用原数据序列 $x(t)$ 减去瞬时平均值 m_1，得到：

$$p_1 = x(t) - m_1 \tag{4-112}$$

　　对于不同的数据序列，p_1 可能是本征模态函数，也可能不是。如果 p_1 中极值点的数目和跨零点的数目相等或至多只差一个，并且各个瞬时平均值 $m(t)$ 都等于零，那这就是本征模态函数。然而，在实际应用中，包络均值可能不同于真实的局部均值，因此仍可能存在一些非对称波。所以，把 p_1 当作原序列，重复以上步骤，该筛选过程可以重复 k 次。将 p_1 看作原始数据，重复上面的过程，直到 p_{1k} 满足 IMF 的条件，就得到了分解出的第一阶本征模态函数 C_1。

至此，提取第一个本征模式函数的过程全部完成。接下来，从原始信号中分离出分量 C_1，得：

$$h_1 = x(t) - C_1 \tag{4-113}$$

然后把 $h_1(t)$ 作为一个新的原序列，按照以上的步骤，依次提取第 2、第 3、……、直至第 n 阶本征模态函数 IMF_n。之后，由于剩余分量已经变成了一个单调序列，所以就再也没有本征模态函数能被提取出来了。这样信号就被分解为 n 个经验模态和一个余项 r_n 之和，该余项是原始数据的一个平均趋势或者是一个常量。如果把分解后的各分量合并起来，就得到原序列 $x(t)$：

$$x(t) = \sum_{i=1}^{n} \text{IMF}_i(t) + r_n(t) \tag{4-114}$$

如上所述，整个过程就像一个筛选过程。这个过程还有一种作用就是可以平滑不平均的幅值。

在这里，直接通过 IMF 的定义来判定何时停止筛选显然不够方便，所以 Huang 定义了标准偏差（Standard Deviation，简称 SD）来判断一个筛选何时完成。SD 可以由连续的两个筛选结果得到：

$$\text{SD} = \sum_{t=0}^{T} \left[\frac{|p_{1k}(t) - p_{1(k-1)}(t)|^2}{p_{1(k-1)}(t)^2} \right] \tag{4-115}$$

一般来说，SD 的值越小，所得的本征模态函数的线性和稳定性就越好，能够分解出的 IMF 个数也就越多。实践表明，当 SD 值介于 $0.2 \sim 0.3$ 之间时，既能保证本征模态函数的线性和稳定性，又能使所得的本征模态函数具有相应的物理意义。下面介绍黄变换（HHT）。

令 $x(t)$ 是一个随机信号，在进行时频分析之前，往往需要先将实信号 $x(t)$ 转变为复信号 $z(t)$ 的形式，HHT 变换也不例外。一般来说，有无穷多的方法定义虚部，即可以使一复信号 $z(t)$ 的实部与所给定的实信号 $x(t)$ 相同，但是 Hilbert 变换可以定义唯一的虚部值，使得该结果成为一个可解析的函数。其定义的虚部为：

$$y(t) = \frac{1}{\pi} P \int_{-\infty}^{+\infty} \frac{x(t')}{t - t'} dt' \tag{4-116}$$

式中：P 为 Cauchy 值。

通过上面的定义可以得到一个解析信号 $z(t)$ 如下：

$$z(t) = x(t) + iy(t) = a(t)e^{i\theta(t)} \tag{4-117}$$

其中：

$$a(t) = \sqrt{x^2(t) + y^2(t)} \tag{4-118}$$

$$\theta(t) = \arctan[y(t)/x(t)] \tag{4-119}$$

根据公式（4-119），瞬时频率可以定义为：

$$\omega = d\theta(t)/dt \tag{4-120}$$

式（4-120）所定义的瞬时频率还是存在着一些问题的。因为公式中给出的瞬时频率只是时间的单值函数，即在任何时间点上只有唯一的一个频率值相对应。因此，只能表达一种成分，称为"单成分"。为了使瞬时频率的定义有意义，引进了"窄带"信号的概念，用于对所分析的数据加以限制。为了得到适合条件的信号，Huang 提出了可以把原始数据分解成一系列窄带分量，每一阶分量被称作 Intrinsic Mode Function（简称 IMF）——本征模态函数。这样瞬时频率便可以随处定义。

本征模态函数（IMF）是这样一种函数，满足以下两个条件：①在整个数据范围内，极值点和过零点的数量必须相等或者最多相差一个；②在任何点处，所有极大值点形成的上包络线和所有极小值点形成的下包络线的平均值始终为零。

第一个条件类似于传统的稳定且满足高斯分布的过程的窄带信号条件。第二个条件把传统的全局条件调整到局部情况。只有满足了这个条件，得到的瞬时频率才不会有因为不对称波形的存在而引起的不规则波动。所以这一点是得到正确瞬时频率的必要条件。一般的信号都不满足 IMF 的条件，于是 Huang 等人创造性的提出了 Empirical Mode DecoMposition（简称 EMD）——经验模式分解方法（即以上所述），把信号分解为所需的 IMF。

与其他处理方法相比，HHT 的创新点在于引入了基于信号局部特性的 IMF，以获得具有物理意义的瞬时频率。主要有两部分组成，即 EMD 分解和 Hilbert 变换。EMD 通过多次的移动过程，可以对高低不平的振幅进行平滑，使得每一个 IMF 具有如下两个特性：①极值点数目（极大值或极小值）与跨零点数目相等或最多相差一个。②由局部极大值构成的上包络图和由局部极小值构成的下包络图的平均值为零。IMF 的上述两个特性，也是 EMD 分解结束的收敛准则。

HHT 是一种很直观合理，能满足人们许多愿望的信号分析方法。但任何新理论的形成都会经历一个从提出到完善的逐渐、甚至漫长艰苦的过程。HHT 也不由例外。Huang 在展示其方法优越性的同时，也指出了其中存在的包络线的拟合等问题。后来一些学者对这些问题进行了探索，但总的来说意义不大，就目前来说，HHT 尚需和急需解决的主要问题有：

（1）基本理论的进一步建立。纵观 HHT 的提出过程和现有文献，其理论基础都还有待进一步完善。IMF 还只是描述性的定义；从有限例子和经验中得到的关于 IMF 对称性的要求还难以让人完全满意。虽然众多例子表明 EMD 的结果是直观合理的，但理论框架尚需成熟。

（2）包络线和均值曲线的拟合。这是 HHT 的关键问题，其在很大程度上将影响到新理论的成熟和推广应用。但现有文献几乎都采用三次样条插值，而未提出新的更合理的方法。这不仅缺乏理论依据，而且三次样条插值容易造成过冲和欠冲现象，但有时结果仍然很严重。

（3）筛法。筛法是 HHT 的核心，包括两方面的问题：一是筛法依据问题，即筛法有没有可靠的理论依据。如果筛法没有可靠的理论依据将会导致分析问题的结果不唯一，或者错误的结果。二是筛法效率问题，就是要提高筛法的速度。由于 Huang 等人在提出 EMD 时采用的是包络线拟合经验筛法。每次筛法都需要拟合两条包络线，因而速度慢。提高运算速度的一种自然设想是直接拟合均值曲线，而不通过拟合两条包络线，这样运算量几乎可以减少一倍，但总结现有的经验筛法，无论是 Huang 等人提出的连续均值筛法（SMS），还是余泊提出的自适应时变滤波分解（ATVFD）和盖强提出的极值域均值模式分解（EMD）都没有从理论上直接拟合信号均值曲线的理论依据。

（4）边界处理问题。对有限长信号的分析一般都会遭遇边界处理问题，如小波分解等。但小波分解中的边界处理误差如果采用直接时间算法不会在各小波分量间传递，而 EMD 的分解过程注定了其边界处理结果将在分解过程中一直传播下去，引起结果的较大摆动，这就决定了研究 HHT 的边界处理算法的重要性。

实验表明：在经验筛法过程中，时常会遇到模态混叠问题。虽然 Huang 等人和谭善文先后独立提出了解决措施，但都还没有对形成这种现象的原因作更进一步地分析。Huang 等人在文献中虽然指出：HHT 需要过采样以提高瞬时频率的精度，但也没有对其原因加以说明[26-36]。

4.4.2.3 基于 Gabor 分解的结构模态参数识别方法

时频分析方法通过时频变换将信号的能量在时域和频域内表示出来，这种时频表示能够反映信号在时域和频域的变化过程，避免了单纯时域或频域分析方法所产生的特征混淆。时频变换包括线性、双线性以及高次时频变换，其中以线性和双线性变换应用最多。双线性时频变换已在模态参数识别中得到了应用，但双线性时频变换存在交叉干扰项，信号能量在时频域内的表示可能存在负值，这就影响参数辨识的精度和可操作性，线性时频变换没有交叉干扰，因而比双线性时频变换更适合于分析频率变换较小的信号。Gabor 变换是信号时频变换的有力工具之一[83]，相应的 Gabor 展开则能够将信号分解成时频面上原子振动信号的叠加。通过原子振动信号重组，所需要的特征信号可以重构出来，这对参数识别特别重要，本节通过 Gabor 展开与重构处理非平稳输出信号并从中辨识结构模态参数的系统方法。

Gabor 分解与重构的理论公式如下：

$$x(t) = \sum_n \sum_m F_x[n,m;h] g_{n,m}(t) \quad (m,n \in Z) \tag{4-121}$$

这里，$g_{n,m}(t) = g(t-nt_0)\exp[j2\pi mv_0 t]$ 为 Gabor 基函数，系数 $F_x[n,m;h]$ 称为 Gabor 展开系数，每个系数都包含着信号在点 (nt_0, mv_0) 附近与时间频率有关信息，基函数 $g_{n,m}(t)$ 与时频面中以 (nt_0, mv_0) 为中心的矩形区域相联系。

对于一个过采样周期为 T 的采样信号 $x(n)$ 来说，t_0 的选择必须满足采样周期 $t_0 = KT, K \in N^+$，这样就有如下的分解和合成公式：

$$F_x[n,m;h] = \sum_k x(k)h^*[k-n]\exp[-j2\pi mk] \quad (-\frac{1}{2} \leqslant m \leqslant \frac{1}{2}, k \in Z) \tag{4-122}$$

$$x(k) = \sum_n \sum_m F_x[n,m;h] g_{n,m}(k-n)\exp[j2\pi mk] \quad (m,n \in Z) \tag{4-123}$$

利用 Gabor 分解与重构实现信号识别的步骤如下：

（1）首先对混有噪声的信号 $x(t)$ 进行离散 Gabor 变换，计算对应的 Gabor 系数 $F_{m,n}$。

（2）由 $F_{m,n}$ 构造时频掩模函数；选取合适的阈值 λ（一般取 $F_{m,n}$ 中最大幅值的 0～

0.5 倍) 当 $|F_{m,n}|\geqslant\lambda$ 时, 对应的掩模函数为 1; 当 $|F_{m,n}|\leqslant\lambda$ 时, 则为 0。用掩模函数乘以 $|F_{m,n}|$ 得到新的 Gabor 系数。

(3) 根据 (2) 所得到的新的 Gabor 系数, 运用 Gabor 展开式计算去噪后的信号。

(4) 重复 (1)~(3)。迭代的次数决定于原信号的信噪比 SNR。SNR 越低, 迭代的次数越多。

(5) 实现信号的识别。

除上述以外, 还有一种方法是采用如下的二元假设实现对信号进行识别:

$$H_0: x(t) = v(t)$$
$$H_1: x(t) = s(t) + v(t)$$

式中: $x(t)$ 为观测到的信号; $v(t)$ 为噪声; $s(t)$ 为待检测的信号。

问题归结为根据观测信号判断 H_0 和 H_1 哪一个为真, 这就需要一个判断准则。常用的判断准则有多种, 如最大后验概率准则、最小风险贝叶斯判决准则及 Newman-Pearson 准则等, 都可归属于似然比检测, 即计算两个条件概率 $p(x|H_1)$ 和 $p(x|H_0)$ 之比或比的自然对数值。

$$h(x) = \ln p(x|H_1) - \ln p(x|H_0) \tag{4-124}$$

判断是否大于某一门限值 η, 若 $h(x)>\eta$, 则判决 $x(t)\in H_1$, 否则判决 $x(t)\in H_0$。在实际应用中可以先对观测信号进行匹配滤波, 以使信噪比最大。然后再进行检验, 来提高检测概率。但当待检测信号的波形与到达时间均未知, 特别是几个信号互相重叠时, 以上方法就很难得到很好的结果, 这时可用 Gabor 展开来检测。

Gabor 展开的局部化特性, 使其特别适合于描述瞬时信号。可选择单边指数窗作为 Gabor 展开的窗函数, 以与瞬时信号的非对称性及突变特性相适应。利用 Gabor 展开, 得到观测信号 $x(t)$ 的 Gabor 展开系数后, 就可用其系数来检测瞬时信号是否存在了, 对以上两式两边求 Gabor 展开系数, 得:

$$H_0: x_{m,n} = v_{m,n} \qquad H_1: x_{m,n} = s_{m,n} + v_{m,n} \tag{4-125}$$

式中: $s_{m,n}$ 为待检测信号 $s(t)$ 的 Gabor 展开系数; $v_{m,n}$ 为噪声 $v(t)$ 的 Gabor 展开系数。

这时似然比为:

$$h(x_{m,n}) = \ln p(x_{m,n}|H_1) - \ln p(x_{m,n}|H_0) \tag{4-126}$$

最后选定判决准则就可以对信号进行检测了[84-87]。

为了验证算法的有效性, 构造某信号 $y = e^{(-0.2t)} \times \sin(6\pi t) + 0.5\sin(20\pi t)$, 设定采样频率为 200Hz, 采样时间 10s, 然后在这个信号基础上加上最大振幅为 1 的白噪声信号。应用 Gabor 分解方法计算信号的时频图对其进行识别, 识别结果如图 4-15~图 4-17 所示。

由图 4-15~图 4-17 可以看出, 运用

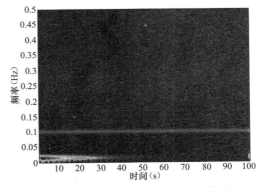

图 4-15　无噪声时信号时间—频率图

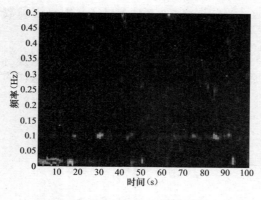

图 4-16　含噪信号时间—频率图

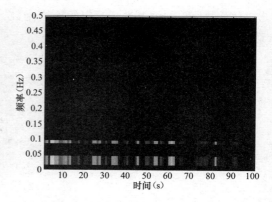

图 4-17　含噪信号 Gabor 变换后时间—频率图

Gabor 变换计算的结构的时间—频率图能够有效地表示出该信号的频率特征。加入噪声后，由于噪声的影响，结构的时间频率图变得不明显，Gabor 系数滤波后，该图很好的体现了结构的时频特征。

4.4.3　水工结构模态参数的遗传识别方法

4.4.1 和 4.4.2 中介绍了环境激励下结构模态参数的带通滤波和信号分解方法，与常规方法相比，该方法均能有效地识别结构的自振频率，而在阻尼比的识别上精度却不高。鉴于结构在流激振动下的响应较易获得，且水流激励可近似为某一低频段带宽的均值为零的正态分布，提出一种全新的水工结构动力参数识别的新方法—水工结构动力参数的遗传识别方法。即借助遗传算法的思想，根据振型叠加原理，首先运用随机减量法获得结构自由振动下的响应，然后运用遗传算法寻优，进而识别结构的自振特性。

4.4.3.1　动力学时域方法识别原理

具有 n 自由度系统自由振动微分方程为：

$$M\ddot{x} + C\dot{x} + Kx = 0 \tag{4-127}$$

式中：C 满足黏性比例阻尼矩阵 $C = \alpha M + \beta K$，α、β 分别为与系统内外阻尼有关的常数。

设特解 $x = \varphi e^{\lambda t}$，式中 φ 为自由响应幅值矩阵。代入式 4-127 得特征值方程：

$$\lambda^2 M + \lambda C + K = 0 \tag{4-128}$$

这是 λ 的 $2n$ 次共轭对形式的互异特征值：

$$\left.\begin{array}{l} \lambda_i = -\sigma_i + j\omega_{di} \\ \lambda_i^* = -\sigma_i - j\omega_{di} \end{array}\right\} \quad (i = 1, 2, \cdots, n) \tag{4-129}$$

且　　　　　$|\lambda_i| = |\lambda_i^*| = \sqrt{\sigma_i^2 + \omega_{di}^2} = \omega_{0i} (i = 1, 2, \cdots, n)$

式中：λ_i 的实部代表衰减系数，虚部 ω_{di} 即阻尼固有频率。λ_i 的模等于无阻尼固有频率 ω_{0i}。λ_i 反映了系统的固有特性，具有频率量纲，成为复频率。

将 $2n$ 个特征值 λ_i、λ_i^* 代入式（4-128）解得 $2n$ 个共轭特征矢量 φ_i^*、φ_i。为实矢量，且与无阻尼振动系统的特征矢量相等，则 $\varphi_i^* = \varphi_i$，故独立的特征矢量只有 n 个。将特征矢量 φ_i 按列排列，得特征矢量矩阵即模态矩阵 φ，$n \times n$ 阶。

特征矢量矩阵 φ_i 或模态矩阵 φ 不仅具有关于 M、K 的正交性，还关于黏性比例阻尼矩阵 C 加权正交，即：

$$\varphi^T C \varphi = \text{diag}[\alpha m_i + \beta k_i] = \text{diag}[c_i] \qquad (4\text{-}130)$$

式中：$c_i = \alpha m_i + \beta k_i$ 为模态黏性比例阻尼系数；$\text{diag}[c_i]$ 为模态黏性比例阻尼矩阵。

取坐标变换式 $x = \sum_{i=1}^{n} \varphi_i y_i = \varphi y$ \qquad (4-131)

代入式（4-127），并考虑特征矢量的正交性，得一组解耦方程：

$$\text{diag}[m_i]\ddot{y} + \text{diag}[c_i]\dot{y} + \text{diag}[k_i]y = 0 \qquad (4\text{-}132)$$

或写成正交形式：

$$\ddot{y} + \text{diag}[2\sigma_i]\dot{y} + \text{diag}[\omega_{0i}] = 0 \qquad (4\text{-}133)$$

其中：　　　　　$2\sigma_i = \dfrac{c_i}{m_i} \qquad (i = 1, 2, \cdots, n)$

考虑初始条件：

$$y_0 = \varphi^{-1} x_0 = \text{diag}\left[\frac{1}{m_i}\right]\varphi^T M x_0$$

$\dot{y}_0 = \varphi^{-1}\dot{x}_0 = \text{diag}\left[\dfrac{1}{m_i}\right]\varphi^T M x_0$ 代入方程（4-133）的解：

$$y_i = Y_i e^{-\sigma_i t}\sin(\omega_{di}t + \theta_i) \qquad (4\text{-}134)$$

其中：
$$\left.\begin{aligned}
Y_i &= \sqrt{y_{0i} + \left(\frac{\dot{y}_{0i} + \sigma_i y_{0i}}{\omega_{di}}\right)^2} \\
\theta_i &= \arctan\frac{\omega_{di}y_{0i}}{\dot{y}_{0i} + \sigma_i y_{0i}}
\end{aligned}\right\}$$

为与初始条件有关的常数。

将式（4-134）代入（4-133）得：

$$x = \sum_{i=1}^{n}\varphi_i Y_i e^{-\sigma_i t}\sin(\omega_{di}t + \theta_i) = D_i e^{-\sigma_i t}\sin(\omega_{di}t + \theta_i) \qquad (4\text{-}135)$$

其中：　　　　　　　　　$D_i = \varphi_i Y_i$

即为某几阶模态位移响应的叠加。

4.4.3.2　流激振动下水工结构模态参数的遗传识别方法

环境激励下结构模态参数的时域识别方法一直是近年来的研究热点和焦点问题，水工结构一般规模巨大，常规的激励方式一般是在非工作状态下采取某些特殊方法（如冲击爆破、机组甩负荷等）去激励，这些方法会对结构产生不良影响。此外，由于噪声的干扰往往产生众多虚假模态，若对信号进行滤波处理，将在一定规模上牺牲阻尼比的识别精度。鉴于结构在流激振动下的响应较易获得，且水流激励可近似为某一低频段带宽的均值为零的正态分布，提出一种基于遗传算法的结构模态参数识别方法，即假设结构在流激振动下，结构的响应以结构的自由振动响应和水流激励下的响应为主，将实测响应减去结构自由振动响应近似为某一正态分布的高斯函数，通过构造拉格朗日函数求最小值，运用遗传算法良好的全局搜索性能对其寻优，从而得到响应的结构模态参数。由于本文采用结构信号的噪声响应为研究对象，在一定程度上抑制了虚假模态，同时，提高了阻尼比的识别精度。

水工结构在流激振动下，振动响应 $x(n)$ 可有以下三部分所组成：

$$x(n) = \sum_{i=1}^{M} A_i e^{j(\omega_i n + \varphi_i)} + \int_0^t h(t-\tau) f(\tau) \mathrm{d}\tau + v(n) (n = 0,1,\cdots,N-1) \quad (4\text{-}136)$$

式中：$x(n)$ 为实测结构振动响应；A_i、ω_i 为待估计的未知常数；φ_i 为 $[0，2\pi]$ 内均匀分布的独立随机变量；$\int_0^t h(t-\tau) f(\tau) \mathrm{d}\tau$ 为由于水流荷载 $f(t)$ 引起的强迫振动响应，服从均值为 0，方差为 σ_2^2 的高斯分布；$v(n)$ 为结构受到外界力干扰噪声的影响，假设其服从均值为 0、方差为 σ_1^2 的高斯分布。

而具有 n 自由度系统自由振动结构的位移为：

$$x = \sum_{i=1}^{n} \varphi_i Y_i e^{-\sigma_i t} \sin(\omega_{di} t + \theta_i) = \sum_{i=1}^{n} D_i e^{-\sigma_i t} \sin(\omega_{di} t + \theta_i) \quad (4\text{-}137)$$

即 $x(n) - \sum_{n=1}^{m} D_i e^{-\sigma_i t} \sin(\omega_{di} t + \theta_i)$ 服从 $N(0，\sigma^2 I)$ 的正态分布。

$$p(x-s_1) = \frac{1}{\pi^N \det(\sigma^2 I)} e^{\frac{1}{\sigma^2}(x-s_1)^T(x-s_1)} \quad (4\text{-}138)$$

构造拉格朗日函数，即求：

$\underset{\xi_{Ci}\omega_i}{Min L}(\xi_i，\omega_i) = (x-s_1)^T \times (x-s_1)$ 求得的相应的自振频率和阻尼比。

结构动力识别的遗传算法，就是根据实测的结构位移时程数据，首先获得结构在自由响应振动下的位移时程，或者结构在流激振动下的响应，然后基于系统识别的基本原理和遗传算法优化理论，寻求一组使实测响应和计算响应最小的结构动力参数，将结构动力参数按照一定的方式表示成为染色体，求出目标函数最优时的结构对应情况下的模态参数。

4.4.3.3　遗传算法理论

遗传算法（简称 GA）[43-50] 是一种根据达尔文进化论思想，借鉴生物界自然选择和自然遗传机制的高度并行、随机和自适应的全局优化和智能搜索算法。1975 年由美国 Michigan 大学的 J. Holland 教授首先提出。其主要特点是群体搜索策略和群体中个体之间的信息交换，搜索不依赖于梯度信息，模拟了生物进化过程中的"优胜劣汰，适者生存"的法则，将选择、杂交和变异等概念引入到算法中，通过构造一组初始可行解群体并对其操作，使其逐渐朝着最优解的方向进化。它能克服传统方法易陷入局部最优解的缺点，可以较快地搜索到全局最优解，对目标函数的形态没有具体的要求，以适应度函数指导随机化搜索方向。适应值类似于自然选择的力量；选择算子根据父代中个体适应值的大小进行选择或淘汰，保证了最优的搜索方向；交叉算子模拟基因重组及随机信息交换，保证了遗传算法的搜索范围；变异算子模拟基因突变，保证了 GA 的全局搜索能力。

众所周知，在人工智能领域中，有不少问题需要在复杂而庞大的搜索空间中寻找最优解或准最优解。在求解此类问题时，若不能利用问题的固有知识来缩小搜索空间则会产生搜索的组合爆炸。因此，研究能在搜索过程中自动获取和积累有关搜索空间的知识并自适应地控制搜索过程，从而得到最优解或准最优解的通用搜索算法一直是令人瞩目的课题。遗传算法就是这种特别有效的算法。由于遗传算法的整体搜索策略和优化计算是不依赖于梯度信息的，而是一种随机搜索方法，所以应用范围非常广，尤其适合于处理传统搜索方法难以解决的高度复杂的非线性问题。尽管遗传算法在理论和应用方法上仍有许多待进一步研究的问题，但其在组合优化、自适应控制、模式识别、机器学习、信息处理和人工生命等领域的应用已展现了它的特色和魅力，从而确定了在 21 世纪的智能计算机技术中的关键地位[88-91]。

遗传算法基本求解步骤：

（1）生成初始群体：遗传操作是众多个体同时进行的，这众多的个体组成了群体，在遗传算法处理流程中，编码设计后的任务是初始群体的设定，并以此为起点一代代进化，直到满足某种进化停止准则后终止进化过程，由此得到最后一代（或群体）。一般来说，遗传算法中初始群体中的个体都是随机产生的，群体规模的设定必须考虑到群体的多样性，既要保持一定的规模，又要考虑到计算量的问题。选定一个合适的群体规模对遗传算法的求解效能很有影响。

（2）编码方法及个体评价方法：采用浮点编码方法。遗传算法是以个体适应度来评价其优劣性，适应度函数要求非负，且应使目标函数取得最大值，对于求解最小值问题则需要对目标函数进行转化。由于动力参数反演问题是通过实测位移响应和计算位移响应得误差最小化来实现的，因此，目标函数值越小越好，在试验的基础上，选择目标函数为 $\underset{\xi_{C_i\omega_i}}{\mathrm{Min}L}(\xi_i,\omega_i)=(x-s_1)^T\times(x-s_1)$。

（3）个体选择：以标准化集合分布规律对种群中的染色体进行选择，该方法以最佳染色体的选择概率 p_s 作为基本参数，结合随即升序数 r_s 按染色体的排列序号相对位置，确定累计概率。概率机理仍然是适应值越大的染色体被选择的概率越大，适应值越小的染色体被选择的概率越小。

（4）交叉及变异运算：采用启发式交叉这一独特的交叉算子，其特点为：①以目标函数值确定搜索方向；②产生一个后代或者可能根本不产生后代。

假定从种群中选择的双亲为 x_1、x_2，则由双亲产生的后代为：

$$x_3 = r(x_2-x_1)+x_2 \qquad (4\text{-}139)$$

这里要求双亲中 x_2 不比 x_1 差，即对于求最大值问题，$f(x_2)\geqslant f(x_1)$；对于最小值问题 $f(x_2)\leqslant f(x_1)$。r 为 0 到 1 之间的一个随机数。该算子有可能产生不可行解向量，在这种情况下，重新产生随机数 r 和后代 x_3。如果经过多次尝试后，没有发现新的满足约束条件的后代，算子终止并不再产生后代。启发式交叉更有利于搜索到精确解，主要用于小范围的精确搜索。

（5）最后采用非均匀变异操作，即各代参与变异操作的染色体变异量是非均匀变化的，变异量 $d(x)$ 是染色体 x、取值区间左右边界 b_l 与 b_r、当前进化代数 g_c、最大进化代数 g_m 和形状参数 b 等参量的函数。变异量函数的公式表达为：$d(x)=y[r(1-g_c/g_m)]^b$，式中 y 为参与变异操作的染色体到取值区域边界的距离，按如下公式计算：

$$y=\begin{cases} b_r-x & (\text{sign}=0) \\ x-b_l & (\text{sign}=1) \end{cases}$$ (4-140)

变异后的基因个体表示为：

$$x'=\begin{cases} x+d(x) & (\text{sign}=0) \\ x-d(x) & (\text{sign}=1) \end{cases}$$ (4-141)

至此，计算过程完成了一次进化搜索，模型记录下种群的适应度以便后续搜索进行比较，同时初始种群通过一次进化后得到新的种群，对新的种群进行下一次进化计算，直至得出符合收敛条件的结果为止。

遗传算法基本流程见图 4-18。

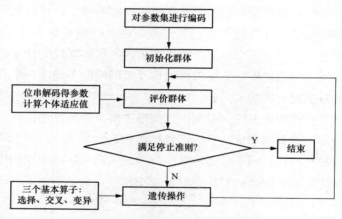

图 4-18　遗传算法基本流程图

遗传算法是一种利用随机优化技术来指导对一个被编码的参数空间进行高效搜索的方法，遗传算法具有十分顽强的鲁棒性，与传统的搜索方法不同，采用了许多独特的方法和技术，归纳起来，主要有以下几个方面：

（1）遗传算法的处理对象不是参数本身，而是对参数集进行了编码的个体。此编码操作，使得遗传算法可直接对结构对象进行操作。所谓结构对象泛指集合、序列、矩阵、树、图链和表等各种一维或二维甚至三维结构形成的对象。这一特点，使得遗传算法具有广泛的应用领域。

（2）许多传统搜索方法都是单点搜索算法，对于多峰分布的搜索空间常常会陷于局部的某个单峰的优解。而遗传算法是采用同时处理群体中多个个体的方法，即同时对搜索空间中的多个解进行评估，更形象地说，遗传算法是并行地爬多个峰。这一特点使遗传算法具有较好的全局搜索性能和良好的全局收敛性能，减少了陷于局部优解的风险。同时，这使遗传算法本身也十分易于并行化。

（3）在标准的遗传算法中，基本上不用搜索空间的知识或其他辅助信息，而仅需要影响搜索方向的目标函数和相应的适应度函数，并在此基础上进行遗传操作。需要着重指出的是，遗传算法的适应度函数不受连续可微的约束，而且定义域可以任意设定。遗传算法的这一特点使它的应用范围大大扩展。

（4）遗传算法采用概率的变迁规则来指导它的搜索方向，而不是采用确定性规则，因而能搜索离散的有噪声的多峰值复杂空间。遗传算法采用概率规则来引导其搜索过程朝着搜索空间的更优化的解区域移动，实际上有明确的搜索方向。

（5）遗传算法在解空间内进行充分的搜索，但不是盲目的穷举或瞎碰（适应度函数评估为选择提供了依据），因此其搜索时耗和效率往往优于其他优化算法。

上述的这些特点使得遗传算法和其他的搜索方法相比有着很多优越性：简单通用，鲁棒性强，具有良好的全局搜索性，易于并行化，易于和别的技术（如神经网络、模糊推理、ANSYS 参数化设计语言等）相融合等，因而将其应用于模态参数识别中，致力于解决传统方法所未能解决的问题，不仅具有理论意义，而且有应用价值。

4.4.4　模拟信号和悬臂梁试验模态参数识别实例

上述内容讨论了基于泄流振动下水工结构模态参数识别的理论方法，下面应用几个工程实例针对以上方法进行验证。

4.4.4.1　模拟信号识别

为了研究算法的有效性，首先模拟生成如下这个信号：

$$y = e^{(-0.2t)} \times \cos[6\pi t + 0.5\sin(6\pi t)] + 0.5\sin(20\pi t)。$$

设定采样频率为 200Hz，采样时间 5s，生成信号的时程曲线如图 4-19 所示；然后在这个信号基础上加上一个频率在 1～20Hz 之间，最大振幅为 1 的白噪声信号，白噪声信号如图 4-20 所示，合成信号的时间历程与功率谱如图 4-21 和图 4-22 所示。下面分别用基于带通滤波的模态参数识别方法和遗传识别方法对其进行识别。

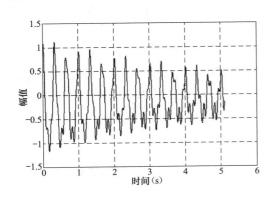

图 4-19　原始信号的时程曲线图

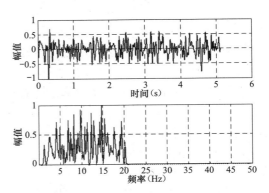

图 4-20　白噪声信号时程曲线和功谱图

首先应用基于带通滤波的方法对图 4-21 所示的含噪信号进行识别，识别结果和步骤如下：

首先对该信号应用 4.3.2 节所述的多信号分类法进行定阶，如图 4-23 所示，从该图可以看出，该信号主要包含了两阶频率。然后应用 4.4.1 节所述的方法（ITD、STD、复指数法及 ARMA 方法）进行直接识别，所得到的结果如表 4-2 所述，以此确定频率的大致范围。

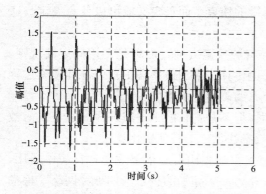

图 4-21　加入白噪声信号的之后的时程曲线

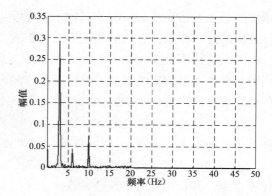

图 4-22　加噪信号的傅立叶功谱图

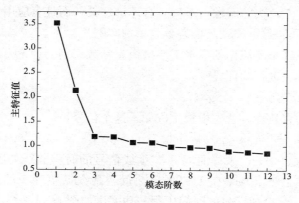

图 4-23　含噪信号定阶图

从表 4-2 可以看出，应用该类方法直接对信号识别的结果和理论值相比，偏差较大，第一阶频率最大相差达 36.7％（ITD 法识别），最小差 13.3％（复指数法），第二阶频率相对第一阶频率误差较小，与理论值相比最大相差 8.4％（ARMA 时间序列法），最小相差 0.9％（STD 法）。所以有必要对信号进行有效的"提存"。由第一次识别结果可以分析出，该信号的第一阶频率的大致范围为 2～5Hz 和 8～12Hz，而在该信号的功率谱上可以发现有三个明显的峰值，通过功率谱不能够准确确定该信号的频率。故采用数字滤波方法对该信号在 2～5Hz 和 8～12Hz 对进行带通滤波，然后再进行识别。滤波后的时程线如图 4-24 和图 4-25 所示。

表 4-2　　　　　　　　　　　　各种方法第一次识别结果

识别方法	理论与结果值 理论值 频率（Hz）	识别结果		
		频率（Hz）	阻尼比（％）	偏差（％）
ITD 法	3.00	4.10	25.57	36.70
	10.00	10.23	7.66	2.30
STD 法	3.00	3.45	14.52	15.00
	10.00	9.91	1.21	0.90
复指数法	3.00	3.40	19.73	13.30
	10.00	10.68	2.29	6.80

识别方法 理论与结果值	理论值	识别结果		
	频率（Hz）	频率（Hz）	阻尼比（%）	偏差（%）
ARMA 时间序列法	3.00	3.76	20.79	25.30
	10.00	10.84	2.25	8.40

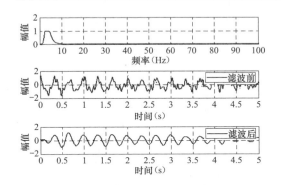
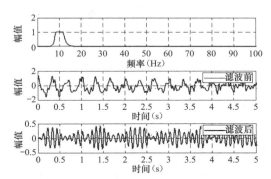

图 4-24　带通 2～5Hz 滤波后时程曲线图　　　图 4-25　带通 8～12Hz 的滤波时程曲线图

信号经滤波后再分别用各方法（ITD、STD、复指数法和 ARMA 时间序列法）进行识别，识别结果如表 4-3 所示。

表 4-3　各种方法第二次识别结果

识别方法 识别次数	理论值	第二次识别		
	频率（Hz）	频率（Hz）	阻尼比（%）	偏差（%）
ITD 法	3	2.97	1.49	1.00
	10	9.73	1.72	2.70
STD 法	3	2.96	0.69	1.30
	10	9.97	1.03	0.30
复指数法	3	3.00	1.05	0.05
	10	9.72	0.19	2.80
ARMA 时间序列法	3	3.012	1.20	0.38
	10	9.97	1.03	3.44

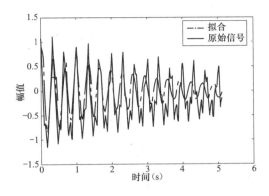
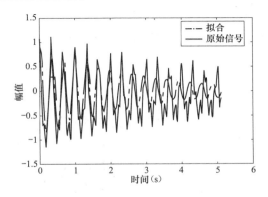

图 4-26　ITD 法拟合的响应函数曲线　　　图 4-27　STD 法拟合的响应函数曲线

对比表 4-2 和表 4-3 可以看出，经改进后的各时域识别方法识别精度在一定程度上有很大的提高。图 4-26 和图 4-27 为应用 ITD 和 STD 法的拟合曲线，复指数法、时间序列法的拟合曲线与 ITD 法的相近，就不一一列举。从图 4-26 和图 4-27 可以看出，虽然拟合曲线的幅值和原始信号相比有些出入，但波峰波谷的位置一致，说明识别的频率是正确的，而阻尼比由于滤波的效应，在一定程度上牺牲了阻尼比的识别精度，使得误差较大。

下面将运用 4.4.3 所述的结构模态参数的遗传识别方法对该模拟信号进行识别。从该信号的多信号分类法定阶图（见图 4-23），可以看出，该信号包含了两阶频率。表 4-4 为运用所提出的模态参数的遗传识别方法对该模拟信号的频率和阻尼比的识别结果，从表中可以看出，模拟信号的第一阶，第二阶自振频率和阻尼比的识别结果与理论值基本一致，表明了该方法不仅能够有效地对结构自振频率进行识别，而且由于该方法采用了以白噪声为研究对象，故在一定程度上也提高了对阻尼比的识别精度。

表 4-4 识别结果与理论值对比表

阶次	理论值		识别值	
	频率（Hz）	阻尼比（%）	频率（Hz）	阻尼比（%）
第一阶	3	0.01	2.99	0.01
第二阶	10	0	9.99	0

4.4.4.2 流激振动下的悬臂梁模型模态参数识别

为了验证方法在水流作用下的有效性，通过水流冲击作用下悬臂梁结构模型试验来进行验证。悬臂梁结构模型由加重橡胶制成，尺寸为 $40cm \times 6cm \times 4cm$。材料参数动弹模 $E=1.55 \times 10^8 Pa$，密度 $\rho=2450 kg/m^3$。在模型上等间距的布置 5 个测点。测点编号顶部测点记为测点 1，底部测点记为测点 5。实验时将模型放在水槽中，底部完全固定，控制上下游水位，这样便能保证不同工况下的实验在相同流速下完成，即各工况有近似相同的外部激励。水流激励是比较复杂的，近似于低频段的白噪声激励，并且水流激励也是无法测量的，因而不能应用传统的传递函数进行模态分析，仅能应用时域识别方法进行模态参数识别。

本次试验之所以应用应变片对结构的响应进行测量是考虑到：①首先测量应变的电阻应变片具有质量小、负载效应小、测量精度高和价格低廉的优点；②其次，应变是位移的一阶导数，对应于每一阶位移模态，则有与其对应的固有应变分布状态，这种与位移模态相对应的应变分布状态称为应变模态，和位移模态一样，反映了结构的固有特征。

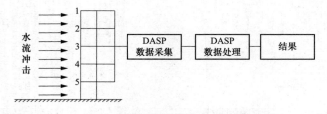

图 4-28 试验装置和步骤简图

本次实验是用水流作为外部激励（见图 4-28），实验是在水槽中进行的，实验时将模型放在水槽中，底部完全固定，控制上下游水位，这样便能保证不同工况下的实验在相同流速下完成，即各工况有近似相同的外部激励（见图 4-29 和图 4-30）。

图 4-29　水流激励前模型在水槽中的情况

图 4-30　水流激励下模型在水槽中的情况

下面分别应用基于带通滤波和结果模态参数的遗传识别方法对其进行识别，识别结果如下所述：

表 4-5 为经带通滤波后该悬臂梁结构的识别结果。从表 4-5 可以看出，各工况下的第二阶频率识别结果和有限元计算出的理论值相比有一定偏差，而识别出第一阶频率和第三阶频率却很接近有限元计算出的理论值。这是因为结构模型的第一阶振型和第三阶振型都是前后方向振动，而第二阶振型是左右方向振动。从图 4-31 和图 4-32 可以看出，与滤波后曲线相比拟合情况较好，据此可以推断出表 4-5 中识别的频率接近真实值。

表 4-5　　　　　　　　　　　理论值与识别结果对照表　　　　　　　　　　　Hz

阶数	理论值	HHT	STD	复指数法	ARMA 法
第一阶	7.99	7.910	7.835	7.799	7.824
第二阶	12.57	11.337	11.027	10.904	11.357
第三阶	44.64	45.262	45.085	45.091	45.136

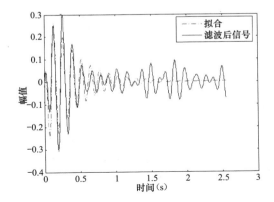

图 4-31　滤波信号与 ITD 法拟合曲线

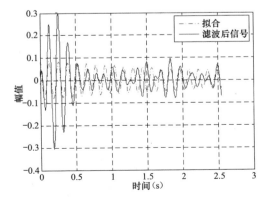

图 4-32　滤波信号与 STD 法拟合曲线

  同样采用上述实测结构时程，运用结构在 1、4 号点实测的响应（见图 4-33 和图 4-34）通过结构模态参数的遗传识别方法对该结构的频率和阻尼比进行了识别。

  首先，通过多信号分类法确定出两个信号包含了结构的三阶自振频率（见图 4-35 和图 4-36）。然后应用有限元计算方法和模态参数的遗传识别方法进行识别，表 4-6 为有限元计算和识别结果，从该表可以看出，采用有限元计算模型，阻尼比采用 5%，计算出结构的前三阶自振频率分别为 7.99、12.57、44.64Hz。通过遗传识别方法识别，运用 1 号测点的振动响应识别出的前三阶自振频率分别为 7.59、11.64、44.50Hz，阻尼比为 4.9%、3.8%、5.7%；4 号测点结构的固有频率为 7.58、11.37、44.70Hz，阻尼比为 6.0%、3.7%、5.4%；识别结果基本一致。表明该方法能够有效、较准确的识别流激振动下结构的模态参数（自振频率和阻尼比）。

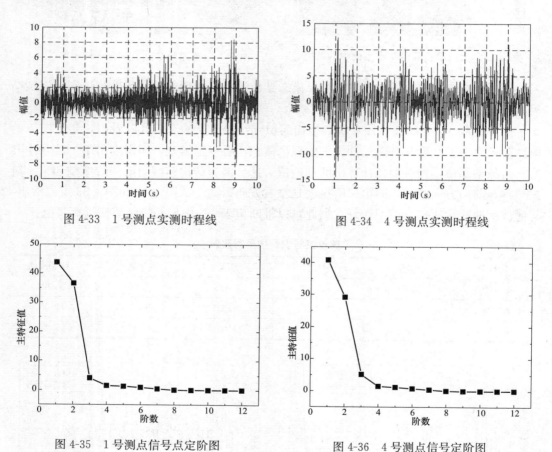

图 4-33　1 号测点实测时程线   图 4-34　4 号测点实测时程线

图 4-35　1 号测点信号点定阶图   图 4-36　4 号测点信号定阶图

表 4-6   **结构模态参数识别结果**

阶数	理论值		1 号测点		4 号基础测点	
	频率（Hz）	阻尼比（%）	频率（Hz）	阻尼比（%）	频率（Hz）	阻尼比（%）
第一阶	7.99	5.00	7.59	4.90	7.58	6.0
第二阶	12.57	5.00	11.64	3.80	11.37	3.70
第三阶	44.64	5.00	44.50	5.70	44.70	5.40

以上是通过模拟信号和流激振动下悬臂梁试验对方法本身的一个验证,从以上实例可以发现:

(1) 基于带通滤波的模态参数识别方法能够较准确的对结构的自振频率进行识别,而对于阻尼比,由于滤波的效应使得识别结果偏差较大。

(2) 模态参数的遗传识别方法,由于该方法以白噪声为研究对象,其在提高自振频率精度的同时,也提高了阻尼比的识别精度。下面将该两种方法应用到水工结构中来,通过工程实践对其进行验证。

4.4.5 水工结构模态参数识别工程实例

4.4.5.1 某水利枢纽坝体结构模态参数识别

某水利枢纽工程[45,46]是以灌溉、发电为主兼顾航运、城市供水等多目标的综合利用水利枢纽工程,为二等工程。水库正常高水位 1156.00m,相应库容 6.06 亿 m^3,坝顶高程 1160.2m。水电站厂房结构采用河床闸墩式混凝土薄壁结构,由 35 个不同断面的混凝土坝段组成。分别以其中 1 号和 5 号坝段的水电站厂房结构为研究对象,分别在该结构坝顶处、下机架基础处设置测点,通过结构停机过程中实测的位移时程,对结构的模态参数进行识别。识别结果见表 4-7。

取该水电站 1 号坝顶垂直向测点的停机实测信号进行模态参数识别。在结构泄洪工况下采用带通滤波的方法,应用各种时域分析法识别的结果见表 4-7。表中列出了应用各种方法识别的厂房振动的前三阶频率,并在最后一栏中做了平均。图 4-37 和图 4-38 给出了应用 STD 法和复指数法识别时,拟合的响应曲线和实测信号的对比,从图中可以看出,拟合效果较好,由此可以推断出识别结果准确。

表 4-7 基于带通滤波的坝体自振频率识别结果 Hz

阶数	ITD	STD	复指数法	时间序列法	平均
第一阶	5.106	5.127	5.073	5.109	5.104
第二阶	5.942	5.984	5.898	5.996	5.955
第三阶	9.131	9.242	9.142	9.204	9.180

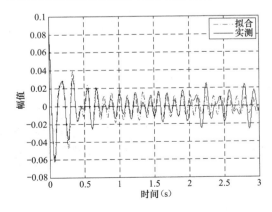

图 4-37 实测信号与 STD 法拟合的
响应函数曲线的对比

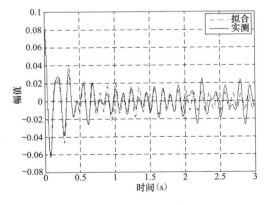

图 4-38 实测信号与复指数法拟合的
响应函数曲线的对比

下面以 5 号坝段为例通过坝顶与下机架基础实测结构位移（见图 4-39 和图 4-40）运用遗传识别方法对结构的模态进行识别。

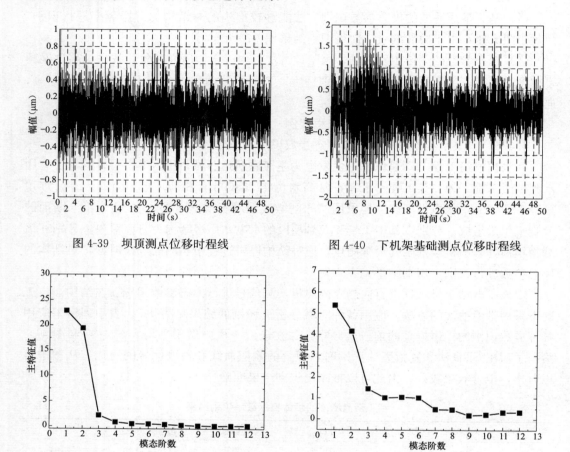

图 4-39　坝顶测点位移时程线　　　　　图 4-40　下机架基础测点位移时程线

图 4-41　坝顶测点信号定阶图　　　　　图 4-42　下机架基础测点信号定阶图

表 4-8　　　　　　　　　　坝体结构模态参数计算结果

阶数	坝顶		下机架基础	
	频率（Hz）	阻尼比（%）	频率（Hz）	阻尼比（%）
第一阶	4.28	6.55	4.41	6.78
第二阶	6.06	6.07	6.20	5.56
第三阶	8.11	5.56	8.01	5.64

图 4-41 和图 4-42 为坝顶测点和下机架基础测点信号的定阶图。表 4-8 为识别结果，可以看出，本方法可以比较有效、精确的对结构的自振特性进行识别，根据坝顶处、下机架基础、水轮机楼板及坝后楼板处实测的结构位移响应识别出结构的第一阶自振频率分别为 4.28、4.41Hz，阻尼比分别为 6.55%、6.78%。第二阶自振频率分别为 6.06、6.20Hz，阻尼比为 6.07%、5.56%。第三阶自振频率分别为 8.11、8.01Hz，阻尼比为 5.56%、5.64%。

4.4.5.2　某水电站厂房结构模态参数识别

某水电站作为世界上已建和在建最大的双排机水电站，单机容量 400MW，总装机容量 2000MW，属我国首次采用双排机主厂房布置形式，自运行以来，水电站一直存在较为明显的振动现象。考虑到机组停机过程的环境激励响应比较容易获得，水力、机械和电磁荷载的干扰较小，根据实测的结构下机架基础和定子基础在停机过程中的位移时程（见图 4-43 和图 4-44），运用遗传识别方法对结构的自振特性进行了分析[47-49]。

图 4-45 和图 4-46 为信号的定阶图，由图可以看出该信号体现了结构的三阶模态。表 4-9 为识别结果，可以看出，通过定子基础处测点和下机架基础处测点在停机过程中实测结构的位移时程对该双排机水电站厂房结构的前三阶自振频率进行了识别，识别出的前三阶自振频率分别为 12.68、13.83、17.90Hz（定子基础测点），12.44、13.99、18.26Hz（下机架基础测点），与有限元计算结果 12.67、13.67、16.05Hz 基本一致，说明了该方法的有效性。

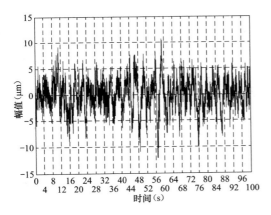

图 4-43　定子基础测点实测位移时程线

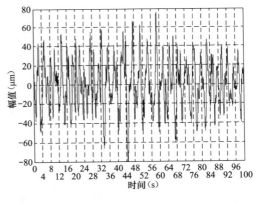

图 4-44　下机架基础测点实测位移时程线

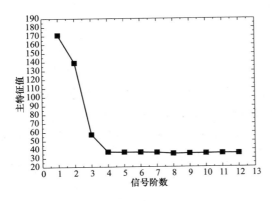

图 4-45　定子基础测点定阶图

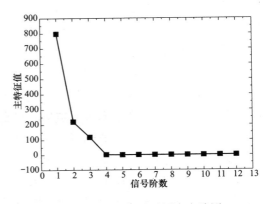

图 4-46　下机架基础测点定阶图

表 4-9 水电站厂房结构模态参数识别结果

阶数	理论值		定子基础测点		下机架基础测点	
	频率（Hz）	阻尼比（%）	频率（Hz）	阻尼比（%）	频率（Hz）	阻尼比（%）
第一阶	12.67	5.00	12.68	3.77	12.44	5.78
第二阶	13.67	5.00	13.83	4.30	13.99	5.62
第三阶	16.05	5.00	17.90	5.80	18.26	4.93

4.5 基于模态参数识别的损伤诊断方法与技术

对结构进行损伤诊断，是近十年来随着土木工程研究理论的不断成熟和实际应用的需要而产生的一门新兴学科。通常一个振动结构的模型可分成三种：①物理参数模型：以质量、刚度、阻尼为特征参数的数学模型，这三种参数可完全确定一个振动系统；②模态参数模型：以模态频率、振型和衰减系数为特征参数建立的数学模型也可完整地描述一个振动系统；③非参数模型：频响函数或传递函数、脉冲响应函数是反应振动系统特性的非参数模型。对结构进行结构损伤诊断，首先需要解决损伤标识量的选择问题，即决定以那些物理量为依据可以更好的识别和标定结构的损伤方位与程度。关于损伤标识量的选择问题，国际上尚缺乏深入系统的研究，目前广泛采用的许多结构损伤指标，实际上都存在着原理性的缺陷。从逻辑上讲，损伤诊断需要解决两个问题：第一，结构有无损伤。第二，结构损伤位置及程度如何。目前广泛采用的许多结构损伤诊断指标只考虑了第一个因素，而忽略了第二个因素。综合考虑，损伤标识量应为随结构损伤程度的增加呈单调变化趋势的物理量。研究发现，目前常用的、以结构固有频率的改变作为结构损伤诊断指标的方法在理论上是合理的，但以结构模态阻尼比等的改变作为结构损伤诊断指标的做法却会产生歧义。损伤定位除了需要解决上述两个问题之外，还需要判断结构损伤位于何处。由于损伤是局域现象，因此，综合可能性与可行性等方面的因素，用于损伤直接定位的最好是局域的，且满足四个基本条件：①对局部损伤敏感，且为结构损伤的单调函数。②具有明确的位置坐标。③在损伤位置，损伤标识量应出现明显的峰值变化。④在非损伤位置，损伤标识量或者不发生变化，或者发生变化的幅度小于预先设定的域值。从逻辑上可以证明，当用于损伤诊断和定位的物理量是局域量，且满足上述四个基本条件时，损伤可进行识别和定位，不一定要进行数学反演。总之，研究模态参数不完备条件下的结构损伤诊断和精确定位问题是一项更富挑战，同时也更具有实用价值的创新性工作。

在工程结构损伤诊断中，对于规模较小，结构简单且测点较易布置的工程结构应用基于模态参数的诊断方法即可对结构的损伤位置和损伤程度进行有效的诊断。然而在水利水电工程中，建筑物一般规模巨大、自由度较多，结构的某些部位有时往往是处于水下作业，使得测点较难布置，故常规的一些方法不适用于该种结构。而基于机器学习的损伤诊断方法（包括支持向量机、神经网络等方法），不需要复杂的求解过程，只需一定的样本数，通过输入和输出来建立影射学习关系，即可对结构的损伤进行识别。下面就基于模态参数识别和机器学习理论的损伤诊断方法进行介绍。

4.5.1　基于模态参数识别理论的结构损伤诊断方法

基于结构模态参数识别的损伤诊断是指利用现场的无损传感技术，获得结构的实测信号，然后通过实测信号运用一些识别方法识别出结构的动力参数（自振频率、阻尼比及振型等），然后根据这些动力参数分析结构的系统特性，达到检测结构损伤或退化的目的。即首先通过一系列传感器得到系统定时取样的动力响应测量值，从这些测量值中抽取对损伤敏感的特征因子，并对这些特征因子进行统计分析，从而获得结构当前的健康状况，下面就工程中常用的一些诊断方法进行介绍。

4.5.1.1　基于模态置信度的结构损伤诊断方法

在结构损伤诊断中，振型可以用来发现结构是否有损伤，尽管振型的识别精度低于频率，但振型包含了更多的损伤信息。利用振型，可借助式（4-142）所表达的模态置信度进行损伤诊断。

$$MAC(u_j, d_j) = \frac{(\{\Phi_{uj}\}^T \{\Phi_{dj}\})^2}{(\{\Phi_{uj}\}^T \{\Phi_{uj}\})(\{\Phi_{dj}\}^T \{\Phi_{dj}\})}(j = 1, 2, \cdots, s) \qquad (4\text{-}142)$$

式中：$\{\Phi_{lj}\}$ 和 $\{\Phi_{dj}\}$ 分别表示未损伤和损伤结构的第 j 阶测量模态，s 代表测量模态的个数，显然，当损伤未发生时，$\{\Phi_{lj}\} = \{\Phi_{dj}\}$，则 $MAC(u_j, d_j) = 1$；一旦发生损伤，$\{\Phi_{lj}\} \neq \{\Phi_{dj}\}$，则 $MAC(u_j, d_j) \neq 1$。

令外，还可以用改进的 MAC 准则，并称之为 COMAC：

$$COMAC(k) = \frac{\left(\sum_{j=1}^{s} |\Phi_{uj}(k)\Phi_{dj}(k)|\right)^2}{\sum_{j=1}^{s} \Phi_{uj}^2(k)\Phi_{dj}^2(k)} \qquad (4\text{-}143)$$

式中：$\Phi_{lj(k)}$、$\Phi_{dj(k)}$ 分别是、在第 k 自由度上的分量，当损伤发生时，$COMAC(k) \neq 1$。

从式（4-142）和式（4-143）可知：MAC 是衡量模态间的振型关系，而 $COMAC$ 是衡量每个自由度上振型的相互关系[43]。

4.5.1.2　基于柔度矩阵的结构损伤诊断方法

由位移模态矩阵 $[\Phi]$ 可得结构的柔度矩阵 $[A]$：

$$[A] = \sum_{j=1}^{n} \frac{1}{\omega_j^2} [\Phi]_j [\Phi]^T{}_j \qquad (4\text{-}144)$$

由上式可知，柔度矩阵 $[A]$ 可由低阶位移模态得到较准确的估计。Pandey 认为，结构损伤将导致结构局部柔度的增加，因此，根据柔度变化理应能够进行损伤定位。

由式（4-144）可得柔度矩阵 $[A]$ 的一阶变分为：

$$\delta A = \sum_{j=1}^{n} \frac{1}{\omega_j^2} \left\{ \frac{-2\delta\omega_j}{\omega_j} [\Phi]_j [\Phi]_j^T + [\delta\Phi]_j [\Phi]_j^T + [\Phi]_j [\delta\Phi]_j^T \right\} \qquad (4\text{-}145)$$

可见，柔度矩阵的变化 $[\delta A]$ 同时综合了位移模态的变化 $[\delta\Phi]$、各频率的变化 $[\delta\omega]$。因此，基于柔度矩阵的损伤定位和基于位移模态矩阵的损伤定位方法虽然本质上是相同的，但对于具体问题的分析处理则可能存在着差异。从模式识别的角度上说，应尽可能的避免以复合因素的作用结果作为识别指标。也就是说，以位移模态的变化 $[\delta\Phi]$ 为依据比柔度矩阵的变化 $[\delta A]$ 为依据来定位损伤通常容易些。

若以$[\Delta A]$为完好结构与有损结构柔度矩阵之差，则有：

$$[\Delta A] = [A_l] - [A_D] \qquad (4\text{-}146)$$

则 Pandey 的损伤定位方法可表示为：

$$\kappa^* = \{i \mid |\Delta A_{ij}| = \|\Delta A\|_l\} \qquad (4\text{-}147)$$

最可能的损伤位置位于κ^*处。

实验证实：与基于位移模态差的损伤定位方法一样，基于$\|\Delta A\|_l$的损伤定位方法确实存在错误定位的问题。因为位移是典型的叠加量，所以，位移最大处和损伤最大处并不必然合二为一。

事实上，总体柔度矩阵的每一列代表在某一自由度施加单位力后各个观测结点的位移，因此，在施力节点和观测力节点力传输路径上的任何损伤都将导致观测节点位移的改变。也就是说，观测节点位移的改变并不必然意味着观测节点的邻域有损伤存在。与总体柔度矩阵不同的是，总体刚度矩阵是叠加量，因此，总体刚度矩阵的变化必然意味着观测节点的邻域有损伤存在。换句话说，总体刚度矩阵的变化比总体柔度矩阵的变化在理论上更适合定位损伤[54]。

4.5.1.3 基于变形曲率的结构损伤诊断方法

这种方法是曲率模态方法与柔度矩阵差值法的结合，采用了两种方法的思想。

结构的静力平衡方程为：

$$[K]\{v\} = \{g\} \qquad (4\text{-}148)$$

解之得

$$\{v\} = [K]^{-1}\{g\} \qquad (4\text{-}149)$$

柔度矩阵$[A] = [K]^{-1}$，则

$$\{v\} = [A]\{g\} \qquad (4\text{-}150)$$

将上式离散化得

$$\{v\} = [a_1, a_2, a_3, \cdots a_s] \begin{Bmatrix} g_1 \\ g_2 \\ g_3 \\ \vdots \\ g_s \end{Bmatrix} = \sum_{j=1}^{s} \{a_j\} g_j \qquad (4\text{-}151)$$

式中：$\{a_j\}$是柔度矩阵的第j列；g_j是外荷载向量$\{g\}$的第j个分量。在均载情况下，即各自由度上的荷载相同$g_j = p(1, 2, 3, \cdots, s)$，则由（4-151）得均载变形为：

$$\{v\} = \left(\sum_{j=1}^{s} \{a_j\}\right) p \qquad (4\text{-}152)$$

当荷载p为单位荷载$p = 1$，就可以获得单位均载变形如下：

$$\overline{\{v\}} = \sum_{j=1}^{s} \{a_j\} \qquad (4\text{-}153)$$

式（4-153）表明：单位均载变形等于柔度矩阵各列的叠加，得到变形$\overline{\{v\}}$后，可以利用差分法得到变形曲率，利用曲率来判别结构损伤的位置[46]。

4.5.1.4　基于刚度变化的结构损伤诊断方法

结构发生损伤时，刚度矩阵提供的信息一般比质量矩阵多。结构损伤一般不影响结构的质量特性，而对结构的刚度特性和结构阻尼会产生一定程度的影响。因此，在假定结构的质量特性不变时，结构模型修正技术也可以用来识别和定位损伤。

先考虑无阻尼自由振动的情况，此时，特征方程式可简化为

$$([k] - \lambda_j [M])[\Phi]_j = 0 \tag{4-154}$$

其中：$\lambda_j = \omega_j^2$，$[\Phi]_j$ 为第 j 阶正则化主模态向量。

设由结构损伤引起的结构刚度矩阵、特征值和特征向量的变化分别为 $[\delta K]$，$\delta \lambda_j$ 和 $[\delta \Phi]_j$，则有：

$$\{[K] + [\delta K] - (\lambda_j + \delta \lambda_j)[M]\}\{[\Phi]_j + [\delta \Phi]_j\} = 0 \tag{4-155}$$

仅保留一阶项，并利用式（4-154）可得：

$$[\delta K][\Phi]_j - \delta \lambda_j [M][\Phi]_j = -([K] - \lambda_j [M])[\delta \Phi]_j \tag{4-156}$$

用 $[\Phi]_j^T$ 左乘上式，并利用 $[M]$、$[K]$ 为对称矩阵及式（4-155）可得：

$$\delta \lambda_j = [\Phi]_j^T [\delta K][\Phi]_j \tag{4-157}$$

由上式可以推知，由于损伤位置不同，同样程度的损伤会对不同阶的频率改变产生不同程度的影响：一些位置的损伤会对某些低频成分的影响大些；另一些位置的损伤则对某些高频成分的影响大些；还有一些位置的损伤及其组合，则对结构某些特定频率的改变影响较大。

以 $[\delta K]$ 的元素为求解对象，式（4-157）理论上最多含有 $n(n+1)/2$ 个未知参数，而可利用的方程最多为 n（n 为系统自由度）个。对于任意 n（$n \geqslant 2$），有 $n(n+1)/2 > n$，因此式（4-157）一般情况下不存在唯一解。假定单元损伤导致损伤单元刚度的各个元素按同一比例变化，即：

$$[\delta K] = \sum_{i=1}^{NE} [\delta K_i^E] = \sum_{i=1}^{NE} C_i [K_i^E] \tag{4-158}$$

其中：$\{C\} = \{c_1, c_2, \cdots, c_{NE}\}^T$，$\{\delta \lambda\} = \{\delta \lambda_1, \delta \lambda_2, \cdots, \delta \lambda_m\}^T$，$[K_\Phi]$ 为 $m \times NE$ 阶矩阵，其元素 $[K_\Phi]_{ji} = [\Phi]_j^T [K_i^E][\Phi]_j$，$m$ 为测试频率总数。式（4-158）中 $\{C\}$ 的最小范数最小二乘解为：

$$\{C\} = [K_\Phi]^* \{\delta \lambda\} \tag{4-159}$$

$[K_\Phi]^*$ 为 $[K_\Phi]$ 的 Moore-Penrose 广义逆。根据 $\{C\}$ 的大小可进行损伤诊断与定位。

该方法的优点是：只需测试结构损伤后的自振频率，而无需测试结构损伤后的位移振型等其他模态参数，实验和实验数据处理均十分方便。当单元损伤导致损伤单元刚度的各个元素按同一比例变化时，研究表明：采用式（4-159）不仅可正确地辨识和定位损伤，而且可以比较准确地标定单元损伤的程度。但缺点是需假设损伤单元刚度矩阵的各个元素按同一比例变化。有些时候，损伤单元刚度矩阵的各个元素等比变化的假定不能严格成立。因此，式（4-159）的损伤诊断和定位效果会受到一定程度的影响。

如果对损伤结构的位移振型也进行测量的话，则结构模型可采用以下方法来修正。

有损伤结构的特征方程可表示为：

$$([K]+[\delta K]-\omega_{dj}^2[M])[\Phi]_{dj}=0 \tag{4-160}$$

其中：ω_{dj}、$[\Phi]_{dj}$ 分别为有损伤结构的第 j 阶测试频率和振型。上式可改写为：

$$[\delta K][\Phi]_{dj}=(\omega_{dj}^2[M]-[K])[\Phi]_{dj}=\{\Delta F\}_j \tag{4-161}$$

其中：$\{\Delta F\}_j$ 定义为第 j 阶振型的模态力余量。由 m 阶测试模态数据可得：

$$[\delta K][\Phi]_d=[\Delta F]=[M][\Phi]_d\text{diag}(\omega_{d1}^2,\omega_{d2}^2,\cdots,\omega_{dn}^2)-[K][\Phi]_d \tag{4-162}$$

其中：$[\Phi]_d=(\Phi_{d1},\Phi_{d2},\cdots,\Phi_{dn})$。

式（4-162）中 $[\delta K]$ 的最小范数最小二乘解为：

$$[\delta K]=[\Delta F]\Phi_d^* \tag{4-163}$$

又有约束条件：$[\delta K]=[\delta K]^T$，则式（4-163）中 $[\delta K]$ 的最小范数最小二乘解为：

$$\begin{cases}[\delta K]=\Pi+\Pi^T\\ \Pi=[\Delta F]\Phi_d^*-0.5\Phi_d(\Phi_d^T\Phi_d)^{-1}\Phi_d^T[\Delta F](\Phi_d^T\Phi_d)^{-1}\Phi_d^T\end{cases} \tag{4-164}$$

其中：$[\Phi]_d^*$ 为 $[\Phi]_d$ 的 Moore-Penrose 广义逆。

若式（4-163）中的 $[\Delta F]$ 列满秩，则 $[\delta K]$ 的最小秩解为：

$$[\Delta K]=[\Delta F]([\Delta F]^T[\Phi]_d)^{-1}[\Delta F]^T \tag{4-165}$$

从物理上说，$[\delta K]$ 应满足以下限制条件：

(1) 如果 $[K]_{ij}=0$，则必有：$[\delta K]_{ij}=0$；

(2) $[\delta K]=[\delta K]^T$。

如果说条件（2）有时可以满足的话（即作为约束条件代入求解程序），那么条件（1）在求解最小范数最小二乘解或最小秩解时，通常是无法满足的。换句话说，式（4-163）～式（4-165）有时可能会得到物理上不可能存在的解，那么，以它们为基础来定位损伤，理论上存在错误定位的隐忧。

当然可通过迭代算法将约束条件（1）考虑进去，例如说 $[K]_{ij}=0$，则使 $[\delta K]_{ij}=0$。然后得到修正矩阵 $[K]^*=[K]+[\delta K]$，以 $[K]^*$ 为动态矩阵进行反复迭代和修正可以求得收敛解。

由实验结果可知：采用迭代法，式（4-165）的识别效果相对要好些，式（4-163）和式（4-164）的识别效果则不理想。

假如模态参数完备的话，那么结构刚度矩阵 $[K]_d$ 及 $[\delta K]$ 可直接由下式计算：

$$\begin{cases}[K]_d=\left[\sum_{j=1}^n\frac{1}{\omega_{dj}^2}[\Phi]_{dj}^T\right]^{-1}\\ [\delta K]=[K]-[K]_d\end{cases} \tag{4-166}$$

式（4-166）对于无阻尼和黏性阻尼（比例阻尼）的自由振动精确成立。从损伤诊断和定位角度来说，所关心的是 $[\delta K]$ 中各元素的大小或相对大小，而不是 $[K]$ 或 $[K]_d$ 的精确值。因此，当自振频率比较分散时，为满足一定的精度要求，通常可用同样阶数的较低阶的模态参数来构造 $[K]$ 和 $[K]_d$，没有必要求尽所有模态[55-56]。

4.5.1.5 基于曲率模态分析的结构损伤诊断方法

以物理坐标建立起来的多自由度摆动系统，通过坐标变换解耦，可建立模态坐标方程，坐标系统的基向量是系统的模态振型。是结构在做无阻尼振动时其变形能的基本的固有的动态平衡状态，这种状态自然满足了各质点之间的平衡条件和相容条件。各固有平衡状态之间可以独立出现，相互之间不存在依存条件，这就是各模态之间的正交性。固有模态之间是互不耦合的，但响应可以表现为各模态的贡献之和，称为模态叠加。曲率模态可通过位移模态获得，因而也具有正交特性和叠加特性。

梁振动的微分方程为：

$$\frac{\partial^2}{\partial x^2}\Big(EI(x)\Big[\frac{\partial^2 u(x,t)}{\partial x^2}+a\,\frac{\partial u^2(x,t)}{\partial x^2 \partial t}\Big]\Big)+m(x)\,\frac{\partial u^2(x,t)}{\partial t^2}+c(x)\,\frac{\partial u(x,t)}{\partial t}=f(x,t)$$

(4-167)

式中：$u(x,t)$ 是横向振动位移；a 是刚度比例系数。

若 $c(x)=a_0 m(x)$，$a_0 \neq 0$，表示该梁属于比例阻尼系统。

根据振动模态理论，式（4-167）的解可表示为模态贡献的叠加形式：

$$u(x,t)=\sum_{r=1}^{\infty}\Phi_r(x)q_r(t)=\sum_{r=1}^{\infty}\Phi_r(x)Q_r e^{j\omega t}$$

(4-168)

式中：$\Phi_r(x)$ 和 $q_r(t)$ 分别表示位移模态振型和模态坐标。模态振型之间的正交性可由下式给出：

$$\int_0^l \phi_r(x)\phi_s(x)m(x)\mathrm{d}x=\begin{Bmatrix}0, r \neq s\\ m_r, r = s\end{Bmatrix}$$

(4-169)

$$\int \phi_r(x)\,\frac{\mathrm{d}^2}{\mathrm{d}x^2}\Big[EI(x)\,\frac{\mathrm{d}^2\phi_s(x)}{\mathrm{d}x^2}\Big]\mathrm{d}x=\begin{Bmatrix}0, r \neq s\\ \Omega_r^2 m_r, r = s\end{Bmatrix}$$

(4-170)

其中：m_r 为第 r 阶模态质量，Ω_r 为第 r 阶模态频率。

将式（4-168）代入式（4-167），左乘 $\phi_r(x)$，积分并由式（4-169）和式（4-170），可得：

$$\ddot{q}_r(t)+2\xi_r \Omega_r \dot{q}_r(t)+\Omega_r^2 q_r(t)=p_r(t)/m_r$$

(4-171)

其中：

$$P_r(t)=\int \phi_r(x)f(x,t)\mathrm{d}x；\xi_r=\frac{c_r}{2m_r\Omega_r}=\frac{a_0}{2\Omega_r}+\frac{a\Omega_r}{2}$$

令

$$f(x,t)=F(x)e^{j\omega t}$$

(4-172)

则有：

$$P_r(t)=\int_0^l \phi_r(x)F(x)e^{j\omega t}\mathrm{d}x=e^{j\omega t}\int_0^l \phi_r(x)F(x)\mathrm{d}x=P_r e^{j\omega t}$$

(4-173)

于是式（4-167）的解有以下形式：

$$u(x,t)=U(x)e^{j\omega t}=\sum_{r=1}^{m}\phi_r(x)Q_r e^{j\omega t}$$

(4-174)

$$U(x)=\sum_{r=1}^{\infty}\frac{P_r/m_r}{-\omega_r+j2\xi_r\Omega_r\omega+\Omega_r^2}\phi_r(x)=\sum_{r=1}^{m}Q_r(\omega)\phi_r(x)$$

(4-175)

由式（4-174）和式（4-175）可以看出：位移是位移振型 $\phi_r(x)$ 的叠加量，和固有频率一样是一全局量，较难反映结构的局部损伤。

由弹性梁弯曲变形曲线与位移的关系，得任意截面 x 处结构弯曲振动曲线的曲率变化函数：

$$q(x) = \frac{1}{\rho(x)} = \frac{\partial^2 u(x,t)}{\partial x^2} = \sum_{r=1}^{N} \Phi_r^*(x) Q_r e^{j\omega t} \qquad (4\text{-}176)$$

式中：Q_r 为一复量，$\rho(x)$ 为曲率半径。式（4-176）表明曲率模态的叠加性，显然 $q(x)$ 与曲率模态振型 $\Phi_r^*(x)$ 幅值成正比。

又由直梁弯曲静力关系：

$$q(x) = \frac{1}{\rho(x)} = \frac{M(x)}{EI(x)} \qquad (4\text{-}177)$$

式中：$EI(x)$ 表示截面 x 处的抗弯刚度。

式（4-177）表明结构的局部损伤会导致结构局部刚度 $EI(x)$ 下降，从而导致损伤处的曲率 $\rho(x)$ 增大，再由式（4-177）可见，将引起曲率模态振型 $\Phi_r^*(x)$ 数值发生突变。因此，通过曲率模态振型 $\Phi_r^*(x)$ 的突变分析，可以诊断结构的损伤情况（包括损伤位置和损伤程度）。通常，通过检测某阶曲率模态在损伤前后的变化可以更明显的确定故障位置：

$$\Delta CMS(r, m) = \left| \Phi_{rm2}^* - \Phi_{rm1}^* \right| \qquad (4\text{-}178)$$

式中：Φ_{rm2}^*、Φ_{rm1}^* 分别表示结构在损伤后和损伤前的第 r 阶曲率模态值。$\Delta CMS(r, m)$ 的值随位置 m 的变化而变化，$\Delta CMS(r, m)$ 最大值时的位置则为损伤的位置。

由结构有限元离散模型的振动模态分析，若能计算出等间距有限元离散单元节点处的位移模态振型，则结构的曲率模态振型可由中央差分方程求出：

$$\Phi''_{rm} = \frac{\Phi_{r(m+1)} - 2\Phi_{rm} + \Phi_{r(m-1)}}{\Delta^2} \qquad (4\text{-}179)$$

式中：Φ_{rm} 表示第 r 阶位移振动幅值；m 为计算点；Δ 为相邻计算点的间距。

实际工程的损伤检测中，由于不能直接测出结构的曲率响应，结构的曲率模态可由位移模态通过差分方程式（4-179）近似得到。

又设 $z(x)$ 是梁结构弯曲变形时某一点到中面的距离，则该点沿 x 方向的正应变为（式中各变量意义同上）：

$$\varepsilon_{z,x} = -\frac{z(x)}{\rho(x)} = -z(x)q(x) = -z(x)\frac{\partial^2 u(x,t)}{\partial x^2} = -z(x)\sum_{r=1}^{N}\Phi''_r(x)Q_r e^{j\omega t}$$
$$(4\text{-}180)$$

那么系统的应变模态和曲率模态之间的关系可用上式描述[57]。

4.5.1.6　基于应变模态的结构损伤诊断方法

对于结构的每一个位移模态，必有一个应变模态与之相对应，应变模态与位移响应的模态坐标具有相同的表达形式和物理意义，但应变模态振型比位移模态振型对损伤更敏感。对于大多数模态，在局部损伤位置的应变模态都有明显的峰值，且损伤的大小随损伤程度的增加而增加。下面就通过应变模态识别结构损伤的原理进行简单介绍。

对于一个多自由度强迫振动系统，运动方程为：

$$[M]\{\ddot{x}(t)\} + [C]\{\dot{x}(t)\} + [K]\{x(t)\} = \{f(t)\} \qquad (4\text{-}181)$$

设 $\{f(t)\}=\{F\}e^{j\omega t}$，$\{x\}=\{X\}e^{j\omega t}$，并由模态叠加理论，坐标变换解耦为：

$$\{X\}=[\Phi]\{q\}=\sum_{i=1}^{n}q_i\phi_i \qquad (4\text{-}182)$$

式中：$[M]$、$[K]$ 和 $[C]$ 分别为质量矩阵、刚度矩阵和阻尼矩阵；$\{f(t)\}$ 为荷载矢量；$[\Phi]$ 为振型矩阵；$\{q\}$ 为广义坐标，也称振型坐标或模态坐标。将式（4-182）代入式（4-181），由振型的正交性得频域方程：

$$(-\omega^2[m_r]+[k_r]+j\omega[c_r])\{q\}=[\Phi]^T\{F\} \qquad (4\text{-}183)$$

式中：$[m_r]$、$[k_r]$ 和 $[c_r]$ 分别为模态质量矩阵、模态刚度矩阵和模态阻尼矩阵，且均为对角阵，即 $[m_r]=[\Phi]^T[M][\Phi]$，$[k_r]=[\Phi]^T[K][\Phi]$，$[c_r]=[\Phi]^T[C][\Phi]$。由式（4-182）和式（4-183）可得：

$$\{X\}=[\Phi][Y_r][\Phi]^T\{F\} \qquad (4\text{-}184)$$

其中：
$$[Y_r]=-\omega^2[m_r]+[k_r]+j\omega[c_r]$$

在三维空间中，位移矢量 $\{X\}$、振型矩阵 $\{\Phi\}$ 及激振力矢量 $\{F\}$ 可表示为：

$$\{X\}=\{U,V,W\}^T,[\Phi]=[\Phi_u,\Phi_v,\Phi_w],\{F\}=\{F_x,F_y,F_z\} \qquad (4\text{-}185)$$

将式（4-185）代入式（4-184）可得：

$$\begin{Bmatrix}U\\V\\W\end{Bmatrix}=\begin{bmatrix}\Phi_u\\\Phi_v\\\Phi_w\end{bmatrix}[Y_r][\Phi_u,\Phi_v,\Phi_w]^T\begin{Bmatrix}F_x\\F_y\\F_z\end{Bmatrix} \qquad (4\text{-}186)$$

在上式中 $[\Phi]^T\{F\}$ 代表 $\{\Phi\}$ 与 $\{F\}$ 沿轴向的积分，是 $[\Phi]$ 的函数，但已经是和 x、y、z 无关的函数。根据弹性力学原理，结构的正应变分量为：

$$\{\varepsilon\}\begin{Bmatrix}\varepsilon_x\\\varepsilon_y\\\varepsilon_z\end{Bmatrix}=\begin{Bmatrix}\dfrac{\partial U}{\partial x}\\[4pt]\dfrac{\partial V}{\partial y}\\[4pt]\dfrac{\partial W}{\partial z}\end{Bmatrix}=\begin{Bmatrix}\dfrac{\partial \Phi_u}{\partial x}\\[4pt]\dfrac{\partial \Phi_v}{\partial y}\\[4pt]\dfrac{\partial \Phi_w}{\partial z}\end{Bmatrix}[Y]_r[\Phi_u,\Phi_v,\Phi_w]^T\begin{Bmatrix}F_x\\F_y\\F_z\end{Bmatrix}=$$

$$\begin{bmatrix}\Psi_x\\\Psi_y\\\Psi_z\end{bmatrix}[Y]_r[\Phi_u,\Phi_v,\Phi_w]^T\begin{Bmatrix}F_x\\F_y\\F_z\end{Bmatrix} \qquad (4\text{-}187)$$

其中：$[\Psi]=[\Psi_x,\Psi_y,\Psi_z]^T$ 称为正应变模态。上式可简写为：

$$\{\varepsilon\}=\{\Psi\}[Y_r][\Phi]^T\{F\} \qquad (4\text{-}188)$$

$\{\varepsilon\}$ 对结构参数变化的一阶变分关系为：

$$\{\delta\varepsilon\}=([\delta\Psi][Y_r][\Phi]^T+[\Psi][\delta Y_r][\Phi]^T+[\Psi][Y_r][\delta\Phi]^T)\{F\} \qquad (4\text{-}189)$$

式（4-189）表明，由结构损伤而导致的结构应变变化 $\{\delta\varepsilon\}$ 主要由结构应变模态的变化 $[\delta\Psi]$、结构自振频率的变化 $[\delta Y_r]$ 和结构位移模态的变化 $[\delta\Phi]$ 三者综合而成。因此，从损伤诊断的角度来说，基于 $[\delta\Psi]$、$[\delta Y_r]$ 或 $[\delta\Phi]$ 的损伤诊断方法理论上都是可行的，差异仅在识别的精度上。由于损伤是局域行为，损伤对结构特性的影响程度依 $[\delta\Psi]$、$[\delta Y_r]$、$[\delta\Phi]$ 的顺序递减，也就是说，基于 $\delta\Psi$ 的损伤诊断算法的损伤诊断效果最好；从损伤定位的角度来讲，由于 $\{\delta\varepsilon\}$ 和 $[\delta\Psi]$ 的变化在位置坐标上存在一致的对应关系。因此，基于 $[\delta\Psi]$ 的损伤定位方法理论上存在正确定位的可能。

下面采用 4.4.4 节的悬臂梁试验，应用应变模态及由应变模态衍生出的损伤指标来识别该悬臂梁结构在流激振动下结构的损伤情况。

本次实验是用水流作为外部激励，实验是在水槽中进行的，实验时将模型放在水槽中，底部完全固定，控制上下游水位，这样便能保证不同工况下的实验在相同流速下完成，即各工况有近似相同的外部激励。然后测量出结构不同损伤程度时的应变响应，根据这些响应应用模态识别方法对结构的模态参数进行识别，进而诊断出结构的损伤情况。具体工况见表 4-10。

表 4-10 工 况 对 照 表

工况号	试验内容
工况一	模型完好
工况二	中部损伤 10mm（损伤 25%）
工况三	中部损伤 15mm（损伤 37.5%）
工况四	中部损伤 20mm（损伤 50%）

1. 通过应变模态振型进行损伤诊断

应变模态振型是一个敏感的局部量。下面给出各种时域分析法结合模态识别方法识别的应变振型图，从应变振型图中可以明显地看出损伤位置。如图 4-47～图 4-54 所示。

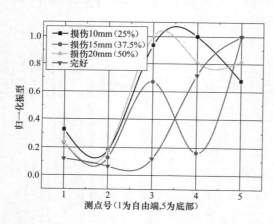

图 4-47 STD 法识别的各工况下的
第一阶应变振型

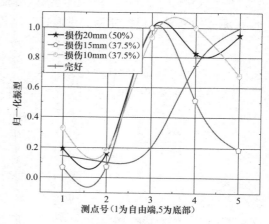

图 4-48 复指数法识别的各工况下的
第一阶应变振型

从图 4-47～图 4-50 中可以明显地看出由各种识别方法（STD、Prony、ARMA 及 HHT 法）识别处在 3 号测点的应变振型值突变较大，这就说明损伤的发生位置在 3 号测点。各种方法基本上都识别出了损伤位置，只是精度不一样而已。

2. 通过应变模态差进行损伤诊断

下面主要通过应变模态差进行损伤诊断，应变模态差的计算公式见下式：

$$\Psi_c = \Psi_s - \Psi_w \tag{4-190}$$

式中：ψ_c 为应变模态差，ψ_s、ψ_w 分别为损伤和完好时的归一化应变振型。如图 4-51～图 4-54 所示，容易看出在测点 3（损伤位置）处的应变模态差最大，从而识别出了损伤位置。同"应变模态振型方法"相比，该方法更加直观、可靠，但损伤标示量需要完好时的应变实测资料，在一定程度上将限制该方法的应用。

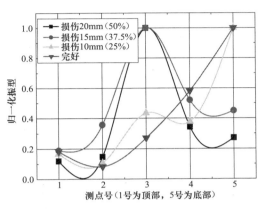

图 4-49　ARMA 法识别的各工况下的
第一阶应变振型

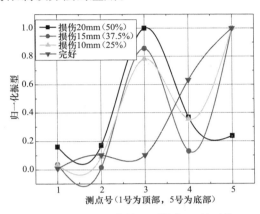

图 4-50　HHT 变换识别的各工况下的
第一阶应变振型

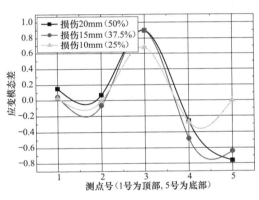

图 4-51　HHT 变换识别的各工况下的
第一阶应变模态差

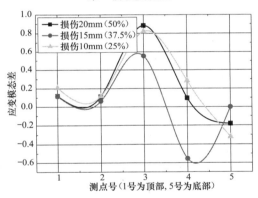

图 4-52　STD 法识别的各工况下的
第一阶应变模态差

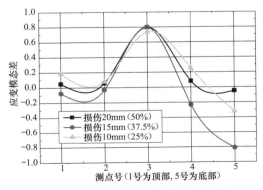

图 4-53　复指数法识别的各工况下的
第一阶应变模态差

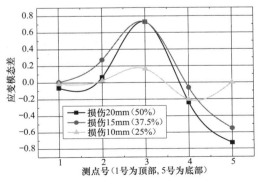

图 4-54　时序分析法识别的各工况下的
第一阶应变模态差

3. 通过标准差进行损伤诊断

由于实测数据是通过应变片采集得到的，数据本身直接就反映应变的大小，通过对得到的数据进行标准差分析，就能进行损伤诊断，见表 4-11。

表 4-11　　　　　　　　在不同工况下的各测点的标准差

测点	工况	完好	损伤 10mm（25%）	损伤 15mm（37.5%）	损伤 20mm（50%）
1		1.5256	1.1581	1.1888	1.1521
2		1.2345	3.4090	3.8464	3.493
3		3.1981	15.2833	33.903	35.043
4		12.458	30.2428	57.910	29.760
5		25.1296	32.9142	74.865	27.656

注　1 号测点为自由端，5 号测点为根部。

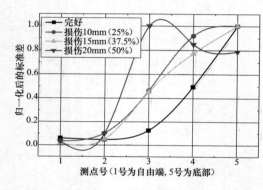

图 4-55　各工况下的标准差

对表 4-11 的数据归一化处理，对各工况下的标准差进行比较，如图 4-55 所示。

从图 4-55 中可以看出，在损伤为 20mm（50%）时，能很显地看出 3 号测点应变最大，应变最大是因为应力集中，据此判断该测点位置附近有损伤；而其他损伤工况下在 3 号点的应变虽比完好工况下的应变有所增大，但还无法判断该点是否有损伤。所以用该方法进行判断结构在损伤初期并不敏感，只有当损伤达到一定程度才能很明显的判别损伤。

4. 通过标准差变化率进行损伤诊断

在上文的分析中知道，通过应变标准差判断损伤在初期并不敏感。为克服这一缺点，则下文应用标准差变化率进行损伤诊断。标准差变化率就等于损伤工况下的标准差减去完好时的标准差再除以完好时的标准差。标准差变化率的计算公式如下：

$$\varepsilon = \frac{\sigma_s - \sigma_w}{\sigma_w} \times 100\% \tag{4-191}$$

式中：ε 为标准差变化率；σ_s 为损伤时各测点的标准差；σ_w 为结构完好时各测点的标准差。各工况下的标准差变化率计算结果见表 4-12。

表 4-12　　　　　　　　各工况下的标准差变化率

测点	工况	损伤 10mm（%）	损伤 15mm（%）	损伤 20mm（%）
1		−24.1	−22.1	−24.5
2		176.1	211.6	182.9
3		377.9	960.1	995.7
4		142.8	364.8	138.9
5		31.0	197.9	10.1

94

从表 4-12 和图 4-56 可以看出，测点 3 的标准差变化率最大，随着损伤程度的增大，变化率也在增大，据此可以判断在 3 号测点附近有损伤。应用该方法识别初期也较敏感，克服了标准差方法的缺点。但是需要结构完好时的标准差数据，使得该方法的应用受到一些局限。

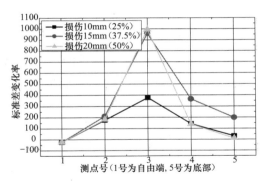

图 4-56　各工况下的标准差变化率

以上内容主要对各种常规的损伤诊断方法进行了系统介绍，要进行损伤诊断，首先需要解决的是损伤标识量的选择问题，即决定以哪些物理量为依据能够更好地识别和标定损伤的程度和位置。文中主要列出了基于应变模态、模态置信度、柔度矩阵、变形曲率、刚度以及曲率模态等标识量的损伤诊断，应用这些标识量都可以进行损伤诊断，最后通过悬臂梁损伤试验对基于应变模态的结构损伤诊断方法进行了验证。虽然基于结构振动测试的结构损伤诊断方法虽然多种多样，但对于大型结构而言，实际应用这些方法都存在各自的局限性。

（1）模态振型曲率法需要对位移振型做数值微分，在同一方向上需要有足够的测点才能保证其精度，故仅仅适用于桥梁等狭长结构。

（2）结构柔度差异法因为柔度在复杂结构中本身就存在着千差万别的变化，也只适用于单向的狭长简单结构。由识别的模态参数构造的刚度矩阵受高阶模态的影响较大，而由实测的低阶模态求出的结构刚度矩阵精度又不足，这样就严重影响了依据结构刚度变化进行损伤诊断的效果。此外，工程结构在环境激励条件下所识别出的模态参数，由于结构振型无法质量归一化，所以结构的刚度矩阵、柔度矩阵等众多方法无法结合使用。

总之，由于以上方法的局限性，只能识别结构形式较简单且测点较易布置的工程结构，而对于大型复杂的结构由于振型应用模态参数识别方法较难获得，且考虑到水工结构的复杂性，且有些部位往往是处于水下作业，测点布置往往受限。故不适用于水工结构这样的大体积复杂结构。而基于机器学习理论的大型结构损伤诊断方法研究是近年来工程界研究的热点问题，由于其不需要复杂的数学推导，故其在大型水工结构的损伤诊断中具有强大的优越性，此部分的内容将在下文介绍。

4.5.2　基于机器学习理论的水工结构损伤诊断方法

基于数据的机器学习理论，是指研究从观测数据（样本）出发寻找规律，利用这些规律对未来数据或无法观测的数据进行预测，是现代智能技术中的重要方面。包括模式识别、神经网络等在内，现有机器学习方法共同的重要理论基础之一是统计学。传统统计学研究的是样本数目趋于无穷大时的渐近理论，现有学习方法也多是基于此假设。但在实际问题中，样本数往往是有限的，因此一些理论上很优秀的学习方法在实际中表现可能不尽人意。

4.5.2.1 机器学习的基本问题

1. 问题的表示

机器学习的目的是根据给定的训练样本来求对某系统输入/输出之间依赖关系的估计，使其能够对未知输出做出尽可能准确的预测。一般可以表示为：变量 y 与 x 存在一定的未知依赖关系，即遵循某一未知的联合概率 $F(x,y)$，机器学习问题就是根据 n 个独立同分布观测样本：

$$(x_1,y_1),(x_2,y_2),\cdots,(x_n,y_n),\tag{4-192}$$

在一组函数 $\{f(x,w)\}$ 中求一个最优的函数 $\{f(x,w_0)\}$ 对依赖关系进行估计，使期望风险：

$$R(w) = \int L[y,f(x,w)]\mathrm{d}F(x,y)\tag{4-193}$$

最小。其中，$\{f(x,w)\}$ 称作预测函数集，w 为函数的广义参数；$\{f(x,w)\}$ 为表示任何函数集；$L(y,f(x,w))$ 为由于用 $f(x,w)$ 对 y 进行预测而造成的损失，不同类型的学习问题有不同形式的损失函数。预测函数也称作学习函数、学习模型或学习机器。有三类基本的机器学习问题，即模式识别、函数逼近和概率密度估计。

对模式识别问题而言，输出 y 是类别信号。比如两类情况下 $y=\{0,1\}$ 或 $\{1,-1\}$，其预测函数称作指示函数，而损失函数则可以定义为：

$$L[y,f(x,w)] = \begin{cases} 0 & y = f(x,\omega) \\ 1 & y \neq f(x\omega) \end{cases}\tag{4-194}$$

对于函数逼近问题而言，y 是连续变量（这里假设为单值函数），可采用最小平方误差准则，其损失函数可定义为：

$$L[y,f(x,w)] = [y-f(x,\omega)]^2\tag{4-195}$$

对于概率密度估计问题而言，学习的目的是根据训练样本确定 x 的概率密度。若估计的密度函数为 $p(x,\omega)$，则损失函数可定义为概率密度的自然对数，即：

$$L[y,f(x,w)] = \ln p(x,\omega)\tag{4-196}$$

2. 经验风险最小化

在上面的问题表述中，学习的目标在于使期望风险最小化，但是，由于可以利用的信息只有样本式（4-192）和式（4-193）的期望风险并无法计算，因此传统的学习方法中采用了所谓经验风险最小化（ERM）准则，即用样本定义经验风险：

$$R_{\mathrm{emp}}(w) = \frac{1}{l}\sum_{i=1}^{n}L[y_i,f(x_i,w)]\tag{4-197}$$

作为对式（4-197）的估计，设计学习算法使其最小化。

事实上，用 ERM 准则代替期望风险最小化并没有经过充分的理论论证，只是直观上合理的想当然做法，但这种思想却在多年的机器学习方法研究中占据了主要地位。人们多年来将大部分注意力集中到如何更好地最小化经验风险上，而实际上，即使可以假定当 n 趋向于无穷大时式（4-197）趋近于式（4-193），但在很多问题中的样本数目离无穷大相去甚远。

3. 复杂性与推广能力

ERM 准则不成功的一个例子是神经网络的过学习问题。开始，很多注意力都集中在如何使 $R_{emp}(w)$ 更小，但很快就发现，训练误差小并不总能导致好的预测效果。某些情况下，训练误差过小反而会导致推广能力的下降，即真实风险的增加，这就是过学习问题。

之所以出现过学习现象，一是因为样本不充分，二是学习机器设计不合理，这两个问题是互相关联的。设想一个简单的例子，假设有一组实数样本 $\{x, y\}$，y 取值在 $[0,1]$ 之间。那么不论样本是依据什么模型产生的，只要用函数 $f(x, \alpha) = \sin(\alpha x)$ 去拟合它们（α 是待定参数），总能够找到一个 α 使训练误差为零，但显然得到的"最优"函数并不能正确代表真实的函数模型。究其原因，是试图用一个十分复杂的模型去拟合有限的样本，导致丧失了推广能力。在神经网络中，若对有限的样本来说网络学习能力过强，足以记住每个样本，此时经验风险很快就可以收敛到很小甚至零，但却根本无法保证其对未来样本能给出好的预测。学习机器的复杂性与推广性之间的这种矛盾同样可以在其他学习方法中看到。

4.5.2.2　统计学习理论的核心内容

统计学习理论就是研究小样本统计估计和预测的理论，主要内容包括四个方面：

（1）经验风险最小化准则下统计学习一致性的条件；

（2）在这些条件下关于统计学习方法推广性的界的结论；

（3）在这些界的基础上建立的小样本归纳推理准则；

（4）实现新的准则的实际方法（算法）。

其中，最有指导性的理论结果是推广性的界，与此相关的一个核心概念是 VC 维。

1. VC 维

为了研究学习过程一致收敛的速度和推广性，统计学习理论定义了一系列有关函数集学习性能的指标，其中最重要的是 VC 维（Vapnik-Chervonenkis Dimension）。模式识别方法中 VC 维的直观定义是：对一个指示函数集，如果存在 h 个样本能够被函数集中的函数按所有可能的 2^h 种形式分开，则称函数集能够把 h 个样本打散；函数集的 VC 维就是其能打散的最大样本数目 h。若对任意数目的样本都有函数能将它们打散，则函数集的 VC 维是无穷大。有界实函数的 VC 维可以通过用一定的阈值将它转化成指示函数来定义。

VC 维反映了函数集的学习能力。一般而言，VC 维越大，则学习机器越复杂，学习容量就越大。目前尚没有通用的关于任意函数集 VC 维计算的理论，只对一些特殊的函数集知道其 VC 维。例如在 n 维实数空间中线性分类器和线性实函数的 VC 维是 $n+1$，而 $f(x, \alpha) = \sin(\alpha x)$ 的 VC 维则为无穷大。如何用理论或实验的方法计算 VC 维是当前统计学习理论中有待研究的一个问题。

2. 推广性的界

统计学习理论系统地研究了对于各种类型的函数集，经验风险和实际风险之间的关系，即推广性的界[60]。关于两类分类问题，结论是：对指示函数集中的所有函数（包括使经验风险最小的函数），经验风险 $R_{\text{emp}}(w)$ 和实际风险 $R(w)$ 之间以至少 $1-\eta$ 的概率满足如下关系[61]：

$$R(w) \leqslant R_{\text{emp}}(w) + \sqrt{\frac{h(\ln(2n/h)+1) - \ln(\eta/4)}{n}} \qquad (4\text{-}198)$$

其中 h 是函数集的 VC 维，n 是样本数。这一结论从理论上说明了学习机器的实际风险是由两部分组成的：一部分是经验风险（训练误差），另一部分称作置信范围，其和学习机器的 VC 维 h 及训练样本数 n 有关。可以简单地表示为：

$$R(w) \leqslant R_{\text{emp}}(w) + \Phi(h/n) \qquad (4\text{-}199)$$

以上表明，在有限训练样本下，学习机器的 VC 维越高（复杂性越高）则置信范围越大，导致真实风险与经验风险之间可能的差别越大。这就是为什么会出现过学习现象的原因。机器学习过程不但要使经验风险最小，还要使 VC 维尽量小，以缩小置信范围，才能取得较小的实际风险，即对未来样本有较好的推广性[62-64]。

需要指出，推广性的界是对于最坏情况的结论，在很多情况下是较松的，尤其当 VC 维较高时更是如此。而且，这种界只在对同一类学习函数进行比较时有效，可以指导人们从函数集中选择最优的函数，在不同函数集之间比较却不一定成立。Vapnik 指出[65]，寻找更好地反映学习机器能力的参数和得到更紧的界是学习理论今后的研究方向之一。

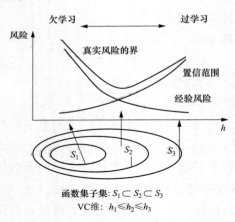

函数集子集：$S_1 \subset S_2 \subset S_3$
VC维：$h_1 \leqslant h_2 \leqslant h_3$

图 4-57　结构风险最小化示意

上面的结论看到，ERM 原则在样本有限时是不合理的，人们需要同时最小化经验风险和置信范围。其实，在传统方法中，选择学习模型和算法的过程就是调整置信范围的过程，如果模型比较适合现有的训练样本（相当于 h/n 值适当），则可以取得比较好的效果[66-68]。但因为缺乏理论指导，这种选择只能依赖先验知识和经验，造成了如神经网络等方法对使用者"技巧"的过分依赖。统计学习理论提出了一种新的策略，即把函数集构造为一个函数子集序列，使各个子集按照 VC 维的大小（亦即 Φ 的大小）排列；在每个子集中寻找最小经验风险，在子集间折中考虑经验风险和置信范围，取得实际风险的最小，如图 4-57 所示。这种思想称作结构风险最小化（Structural Risk Minimization）即 SRM 准则。统计学习理论还给出了合理的函数子集结构应满足的条件及在 SRM 准则下实际风险收敛的性质。

实现 SRM 原则可以有两种思路，一是在每个子集中求最小经验风险，然后选择使最小经验风险和置信范围之和最小的子集。显然这种方法比较费时，当子集数目很大甚至是无穷时不可行。因此有第二种思路，即设计函数集的某种结构使每个子集中都能取得最小的经验风险（如使训练误差为 0），然后只需选择适当的子集使置信范围最小，则这个子集中使经验风险最小的函数就是最优函数。支持向量机方法实际上就是这种思想的具体实现[69-70]。下面对机器学习理论中常用的两种方法，神经网络和支持向量机理论进行介绍。

4.5.2.3　神经网络与支持向量机

人们对于人工神经网络的研究可以追溯到 20 世纪 40 年代，初衷是对思维的物质基础——神经元及由神经元组成的网络的模拟入手，建造具有某种智能行为的系统。人工神经网络（Artificial Neural Network，简称 ANN）的研究经过了一断坎坷的历史，直到 1981 年物理学家 John Hopfield 提出具有联想记忆功能的 Hopfield 神经网络以及 1985 年 David Rumelhart 和 James McClelland 提出能够有效训练多层感知机神经网络的误差反向传播算法（BP 算法之后），ANN 的研究才又进入了一个鼎盛时期。到目前为止，人们已经提出了很多 ANN 结构模型和相应的算法。但总的来讲，从网络的拓扑结构来说，ANN 大体可分为层次型网络和递归型网络，后者是带有反馈的网络，其部分输出又连接到它的输入。

人工神经网络的基本单位是人工神经元基本结构（如图 4-58 所示）。神经元接受与其连接的其他神经元的输入（亦称激励，其值为其他神经元的输出值与神经元间连接权的乘积），该神经元按照一定的函数 f（如硬极限函数、线性函数、对数-S 函数、竞争函数）等输出。

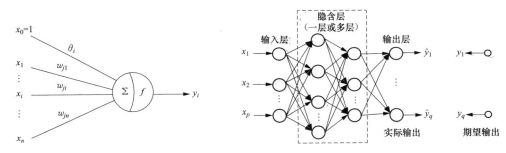

图 4-58　单个神经网络节点（神经元）模型结构　　　图 4-59　基于 BP 算法的神经网络结构

1. BP 神经网络理论

1985 年由 Rumelhart 和 Mcclelland 领导的 PDP（Parallel Distributed Processing）小组提出了一种基于误差反向传播算法的网络。这种网络是在感知机中加入隐含层并且使用广义 δ-算法进行学习之后发展起来的。表现为多层网络结构，相邻层之间为单向完全连接（如图 4-59 所示）。由于这种对老的感知机模型的改进，使得 BP 网络可以以任意精度近似任意连续函数。由于 BP 网络对输入输出节点的数量没有限制，使得很多问题可以转化为 BP 网络能够解决的问题。如模式识别、信号检测、图像处理、自适应滤波、函数逼近以及逻辑映射等。

BP 算法是适合多层神经网络的一种学习，是建立在梯度下降法的基础上的。下面说明阈值修正过程：

首先定义误差函数：

$$E_p(W) = \frac{1}{2} \sum (d_{p,j} - O^2_{p,j,l})^2 \qquad (4\text{-}200)$$

式中：$E_p(W)$：网络在第 p 个输入模式下的误差度量；$d_{p,j}$ 在第 p 个输入模式下，输出层的第 j 个节点的期望输出；$O^p_{p,j}$ 第 k 层第 i 个节点的输出。

第 i 节点的输入为：$net_{i,k} = \sum_{j=1}^{N_{k-1}} (W_{i,k}O_{j,k-1}) + \theta_{i,k}$

式中：$net_{i,k}$ 为第 k 层第 i 个节点的输入；$W_{i,k}$ 连接权向量；$\theta_{i,k}$ 为第 k 层第 i 个神经元节点的阈值。

节点的输出为： $$O_{i,k} = f(net_{i,k}) \tag{4-201}$$

这里 f 可选为 Sigmoid 函数。

$$f(net_{i,k}) = \frac{1}{(1 + e^{-net_{i,k}})} \tag{4-202}$$

BP 神经网络的训练过程，由正向和反向传播组成。在正向传播过程中，输入层经隐节点逐层处理，并传向输出层，每一层的神经元状态又影响下一层神经元的状态，如果输出层不能得到期望输出则转向反向传播，将误差信号按照原来的连接通路返回，通过修正各层神经元的权值，使得误差传递函数最小。

BP 网络的计算步骤可归纳如下：

（1）构造网络拓扑结构，设置合理的网络参数：学习速率 η、冲量因子 a。

（2）网络权值及阈值初始化，即在 $[-0.5, 0.5]$ 之间随机给定初始权值 $W_{ij}(0)$ 和阈值 $\theta_{ij}(0)$。

（3）确定训练用学习样本的输入向量和期望输出向量 (X, d)；对每个步骤重复（4）~（7）。

（4）由式（4-201）计算网络的实际输出。

（5）计算网络反向误差。

（6）权值学习，修改各层的权值和阈值。

（7）若 $E_p < E_s$（系统允许误差）或 $E_k < E_{ks}$（单个样本的允许误差）或达到指定的迭代步数，学习结束。否则进行误差反向传播，转向（3）。

BP 神经网络虽被广泛应用，但仍有不足：不一定收敛到全局最小；收敛速度慢；隐层单元数根据经验选取；网络学习和记忆不稳定；泛化能力较差等。

2. RBF 神经网络理论

RBF 网络是近年提出并得到很大发展的一种神经网络。从网络的结构上讲，它同上面介绍的 BP 网络（也称多层前馈网，MLP 网相似同属于层次网络）。从本质上说该网络结构是一种两层网络，输入层节点只是传递输入信号到隐层，隐层节点（即 RBF 节点）的激发函数为径向基函数，输出层节点通常采用简单的线性函数。隐层中的基函数对输入激励产生一个局部化的响应，即当输入落入很小的区域时，隐元才有非零响应。因此，RBF 网络也称为局部接受域网络。在 RBF 网络中，隐含层常用的激励函数为高斯函数。见下式：

$$R_j = \exp\left[-\frac{(x - c_j)^2}{2\sigma_j^2}\right] \quad j = 1, 2, \cdots, N_r \tag{4-203}$$

式中：R_j 为隐层第 j 个单元的输出；x 为输入模式；c_j 为第 j 个单元高斯函数的中心；

σ_j^2 为第 j 个隐节点的归一化参数（表示与第 j 个聚类中心相联系的数据散布的一种测度）；N_r 为隐层节点数。

决定各隐层节点的数目和高斯函数中心的位置 c_j 及归一化参数，最常用的确定高斯函数的方法是 K-means 聚类算法，其基本算法为：

（1）将 $c_j(j=1\sim N_r)$ 的初值 c_j^0 置为最初的 N_r 个训练样本；

（2）将所有分类按照最近的聚类中心分组，即将 x_i 分配给 θ_j^*，$c_j^* = \min \| x_i - c_j \|$；

（3）对每个模式类计算样本均值 $c_j = \dfrac{1}{M_j}\sum_{x_i \in j} x_i$；

（4）比较 c_j 和 c_j^0，若 m 前后没有变化，则聚类结束，否则，令 $c_j^0 = c_j$，转（2）

以上算法中 θ_j 为第 j 组所有样本，M_j 为 θ_j 中的模式数。聚类完成后，尚需确定参数 σ_j^2，一般可按照下式求的归一化参数 σ_j^2：

$$\sigma_j^2 = \frac{1}{M_j}\sum_{x \in \theta_j}(x - c_j)^T(x - c_j) \tag{4-204}$$

在第二段的训练是根据已确定好的隐层参数和输入样本、输出样本，按照最小二乘原则求得隐层与输出层连接权值 W_{ik}，一般采用 LMS 算法[73]。RBF 神经网络图见图 4-60。

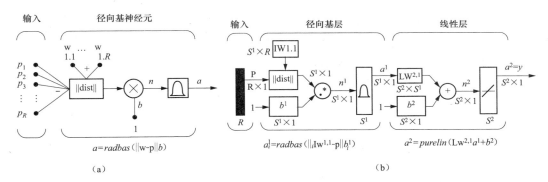

图 4-60　径向基神经网络图

(a) 有 R 个输入的径向基神经元；(b) 径向基神经元网络结构

R：输入数；S^1：第一层神经元数；S^2：第二层神经元数

3. 最小二乘支持向量机理论

与传统统计学相比，统计学习理论（Statistical Learning Theory，SLT）是一种专门研究小样本情况下机器学习规律的理论。V. Vapnik 等人从六七十年代开始致力于此方面研究，到 90 年代中期，随着该理论的不断发展和成熟，也由于神经网络等学习方法在理论上缺乏实质性进展，统计学习理论开始受到越来越广泛的重视。

统计学习理论是建立在一套较坚实的理论基础之上的，为解决有限样本学习问题提供了一个统一的框架，能将很多现有方法纳入其中，有望帮助解决许多原来难以解决的问题（比如神经网络结构选择问题、局部极小点问题等）；同时，在这一理论基础上发展了一种新的通用学习方法——支持向量机（Support Vector Machine，SVM），已初步表现出很多优于已有方法的性能。一些学者认为，SLT 和 SVM 正在成为继神经网络研究之后新的研究热点，并将有力地推动机器学习理论和技术的发展[74]。

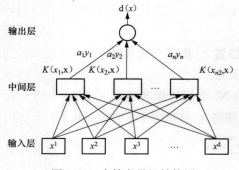

图 4-61　支持向量机结构图

Suykens J. A. K 在 1998 年提出了一种新型支持向量机方法——最小二乘支持向量机（Least Squares Support Vector Machine，LS-SVM）用于解决分类和函数估计问题。这种方法采用最小二乘线性系统作为损失函数，代替传统的支持向量机采用的二次规划方法，并应用到模式识别和非线性函数估计中来，取得了比较好的效果。该算法运算简单，收敛速度快，精度高。采用最小二乘支持向量机进行函数估计的算法如下所述[76-78]。支持向量机（Support Vector machine，SVM）是建立在学习理论的结构风险最小化原则之上。主要思想是针对两类分类问题，在高维空间中寻找一个超平面作为两类的分割，以保证最小的分类错误率。而且支持向量机的一个重要优点是可以处理线性不可分的情况。另外，由于支持向量机算法是一个二次优化问题，所以能够保证所得到的解是全局最优解，避免了人工神经网络等方法的网络结构难以确定、过学习和欠学习以及局部极小化等问题。目前，支持向量机正在成为机器学习领域中新的研究热点，并在很多领域得到了成功应用。

设训练样本 (x_1, y_1)，(x_2, y_2)，$\cdots$，(x_n, y_n)，$x \in R^n$，$y \in R^m$，x 是输入数据，y 是输出数据。在原始空间中的优化问题可以描述为下式：

$$\min_{w,b,\varepsilon} J(w,\varepsilon) = \frac{1}{2} w^T w + \frac{1}{2} \gamma \sum_{i=1}^{n} \varepsilon_i^2 \tag{4-205}$$

其中，约束条件为：$y_i = w^T \varphi(x_i) + b + \varepsilon_i$，$i = 1, 2, \cdots, n$。式中：$\varphi(x_i)$：$R^n \to R^{n_h}$ 是核空间映射函数；权矢量 $w \in R^{n_h}$（原始空间），误差变量 $\varepsilon_i \in R$，b 是偏差量；损失函数 J 是 SSE 误差和规则化量之和；γ 是可调常数。核空间映射函数的目的是从原始空间中抽取特征，将原始空间中的样本映射为高维特征空间中的一个向量，以解决原始空间中线性不可分的问题[79-81]。

根据优化函数式（4-205），定义拉格朗日函数为

$$L(w,b,\varepsilon,\alpha) = J(w,\varepsilon) - \sum_{i=1}^{l} \alpha_i \{w^T \varphi(x_i) + b + e_i + y_i\} \tag{4-206}$$

其中：拉格朗日乘子（即支持向量）$\alpha_i \in R$。对上式进行优化，得

$$\left.\begin{aligned}
\frac{\partial L}{\partial w} &= 0 \rightarrow w = \sum_{i=1}^{n} \alpha_i \varphi(x_i) \\
\frac{\partial L}{\partial b} &= 0 \rightarrow w = \sum_{i=1}^{n} \alpha_i = 0 \\
\frac{\partial L}{\partial \varepsilon_i} &= 0 \rightarrow \alpha_i = \gamma \varepsilon_i \\
\frac{\partial L}{\partial \alpha_i} &= 0 \rightarrow w^T \varphi(x_i) + b + \varepsilon_i - y_k = 0
\end{aligned}\right\} \tag{4-207}$$

其中：$i = 1, 2, \cdots, n$。消除变量 w，ε，可得矩阵方程

$$\begin{bmatrix} 0 & l_v^T \\ l_v & \Omega + \dfrac{1}{\gamma}I \end{bmatrix} \begin{bmatrix} b \\ a \end{bmatrix} = \begin{bmatrix} 0 \\ y \end{bmatrix} \tag{4-208}$$

其中：$y = [y_1, y_2, \cdots, y_l]$；$l_v = [1, 1, \cdots, 1]$；$\alpha = [\alpha_1, \alpha_2, \cdots, \alpha_l]$；$\Omega_{ij} = \varphi(x_i)^T \varphi(x_j)$，$i, j = 1, 2, \cdots, n$。根据 Mercer 条件，存在映射函数 φ 和核函数 $K(\cdot, \cdot)$，可得：

$$K(x_i, x_j) = \varphi(x_i)^T \varphi(x_j) \tag{4-209}$$

LS-SVM 最小二乘支持向量机的函数估计为：

$$y(x) = \sum_{i=1}^{n} \alpha_i K(x, x_i) + b \tag{4-210}$$

式中：a、b 由式（4-208）求解出。

预测模型设计主要包括模型参数的选择和核函数（包括核函数参数）的选择。这是支持向量机方法的一个难点，实际工程中主要靠经验和试验来确定。可以通过模型训练的交互验证法结合对参数的测试来进行模型设计。交互验证就是将全部 L 个样本随机均匀分为 N 份，首先取出其中一份作为验证集进行验证，计算相应的预测误差，用剩下的 $N-1$ 份作为设计集来设计预测模型，然后再把取出的那份样本放回原样本集中，取出另外一份，再用剩下的 $N-1$ 份作为设计集来设计预测模型。这样一共重复设计模型 N 次，检验 N 次，并计算平均预测误差，以此当作评价模型效果的依据来调整模型参数，直到得到预测误差最小的模型作为最优预测模型。

留一法是交互验证法的特例，即 $N=L$，就是将全部 L 个样本分成 L 份，每份有一个样本，然后进行交互验证。留一法充分利用了 L 个样本中每一个样本的信息，能有效避免过拟合现象，是评价模型稳定性和泛化能力的重要方法之一。留一法的缺点是如果样本集 L 较大，因每一组模型参数将会带来 L 次模型计算，计算量较大，所以如若结合求解效率的最小二乘支持向量机算法，可以有效地解决大规模数据计算问题。

支持向量机识别结构损伤的步骤如下所述：

（1）构造损伤标识量。损伤的存在会影响结构的动力响应特性，使得各种结构参数（固有频率、模态振型等）发生不同程度的变化，从损伤的识别效果来看，模态频率、模态振型、应变模态、柔度矩阵等都是较好的损伤标识量。其中模态频率是工程中较易获得的模态参数，而且精度容易保证；另外，频率的整体辨识特性使得测量点可以根据实际情况进行定制，完全可以胜任损伤诊断。

（2）数据预处理。SVM 方法虽然对样本的维数不敏感，可以不进行特征变换；但由于各类参数所代表的物理含义不一样，取值范围差别较大，另外实际数据可能存在噪声和冗余，所以为提高计算精度，需要对参数进行预处理，如进行离散归一化处理、用粗糙集理论进行预处理等。数据冗余信息，还可以克服 SVM 算法在处理大量样本时速度慢的缺点。

（3）核函数的选择。常用的核函数有线性函数、多项式函数、径向基函数以及 Sigmoid 函数等，应根据不同的数据特征选择不同的核函数。在不知数据概率分布的情况下，采取径向基函数可以取得较好的推广效果。所以一般推荐采用径向基函数作为核函数。

（4）样本测试。使用 SVM 进行损伤诊断，首先要构造可靠的训练样本，但在实际测量中很难做到。可以通过先构造合适的有限元模型，采用数值模拟的方法获得训练样本来预测未知的损伤位置和程度。

（5）损伤诊断。样本测试完成后，将实测的结构响应信号通过模态参数识别方法对结构的模态参数进行识别，然后转化为符合支持向量机的输入数据的结构，输入支持向量机模型中，从而实现结构的损伤诊断。

4.5.2.4　损伤标示量的确定

1. 位置检测指标（LDI）的选择

对于损伤定位而言，需要选取的是与损伤程度无关、仅与损伤位置有关的参数。这样的参数有归一化的频率变化比、损伤信号指标、组合损伤指标等，大量的研究表明，相对于振型、阻尼，频率的识别精度最高（识别误差在 1% 量级），振型的识别误差在10%，阻尼则大于 100%，不宜用于损伤诊断。由于频率运用以上几章内容比较容易获得且相对更准确点，所以采用归一化的固有频率变化为输入向量。

第 i 阶破损前后频率的变化为：

$$FFC_i = \frac{F_{ui} - F_{di}}{F_{ui}} \quad (i = 1,2,3,\cdots,m) \tag{4-211}$$

式中：F_{di} 为结构损伤后的第 i 阶固有频率，F_{ui} 是结构完好时的第 i 阶固有频率。

假设其与破损的程度和位置均相关。即：

$$FFC_i = g_i(r)f_i(\Delta K, \Delta M) \tag{4-212}$$

式中：r 为破损位置向量。

将 f_i 关于 $\Delta K=0$ 和 $\Delta M=0$ 做泰勒级数展开，并忽略高阶项，可得：

$$FFC_i = g_i(r)\{f_i(0,0) + \Delta M \frac{\partial f_i}{\partial \Delta M}(0,0) + \Delta K \frac{\partial f_i}{\partial \Delta M}(0,0)\} \tag{4-213}$$

其中：$f_i(0,0)=0$（因为此时结构处于无扰动状态），从而有：

$$FFC_i = g_i(r)\{\Delta M \frac{\partial f_i}{\partial \Delta M}(0,0) + \Delta K \frac{\partial f_i}{\partial \Delta M}(0,0)\} \tag{4-214}$$

函数 f_i 在 $\Delta K=0$ 和 $\Delta M=0$ 处的偏微分为常数。因此有：

$$FFC_i = \Delta M n_i(r) + \Delta K n_i(r) \tag{4-215}$$

对于像水工结构这样的大型工程来说，损伤常对结构的刚度产生较明显的影响，而对质量分布几乎不产生影响，所以在方程中 ΔM 可看作等于零，则式就变为：

$$FFC_i = \Delta K n_i(r) \tag{4-216}$$

而归一化的频率变化比为：

$$NFCR_i = \frac{FFC_i}{\sum_{i=1}^{m} FFC_i} = \frac{\Delta K n_i(r)}{\Delta K \sum_{i=1}^{m} n_i(r)} \tag{4-217}$$

从上式可以看出归一化的频率变化比 $NFCR_i$ 只与破损的位置有关，而与破损的程度无关。应用该参数进行破损定位，不受破损程度的影响，从而提高了破损定位的精度，便于实际应用。

2. 裂缝长度曲线（FCI）的定义

对于程度指标的选取相对定位指标来说，范围更广，更容易选取，任何与损伤位置及程度有关的参数均可以作为输入量。为了能更加充分的利用数据，依然采用与频率有关的量作为输入，这里选取固有频率平方的变化作为指标程度。公式如下：

$$NSFR_i = \frac{F_{ui}^2 - F_{ud}^2}{F_{ui}^2} \times 100\% \tag{4-218}$$

其中：F_{ui}、F_{ud} 分别为结构完好时和损伤时结构的频率变化。由上式绘制每一个 FCI 曲线（由沿着导墙高度同一深度获得）。对于裂缝深度 β_x 的评估由下式计算获得（见图 4-62）。

$$\beta_x = \beta_l + \frac{NSFR_{ix} - NSFR_{il}}{NSFR_{iu} - NSFR_{il}} \times (\beta_u - \beta_l) \tag{4-219}$$

其中：β_u，β_l 分别为结构由 FCI 曲线获得结构发生两种不同损伤时的裂缝长度。

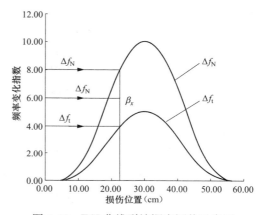

图 4-62　FCI 曲线裂缝深度评价示意图

4.5.3　某水电站导墙结构损伤诊断

水电站导墙结构长期承受着风、水流等多种环境荷载的影响，会由于疲劳和腐蚀而发生开裂损伤，而若结构损伤发生在水下部分，则不易直接被发现，而且一旦发生损伤，在高速水流的激振情况下，破坏范围会迅速扩展，可能导致整个结构的失效。例如：美国的 Texakana、Trinity 和 Navajo 等水利枢纽的导墙均因水流诱发振动而破坏，前苏联的巴帕津斯和我国的万安水利枢纽的导墙也出现振动破坏，此外我国的大化水电站闸墩和乌江渡滑雪道导墙也出现强烈的流激振动。故为了保证水电站的安全运营，需要对导墙进行定期的损伤检测，及早发现损伤并采取相应得措施，避免酿成人员伤亡事故和重大的经济损失[83]。

下文以某水电站导墙断面实测的结构位移时程首先运用时域识别方法对结构的模态参数进行了识别，以此为基础，通过有限元构造样本库，建立基于支持向量机（SVM）结构损伤定位模型，最后，就结构损伤的程度进行了分析。

某大坝河西下导墙（简称西导墙）为该坝河西总干渠渠首建筑物之一，西导墙全长 80m，分为五段，每段长 16m，最大宽度 3m，墙首与电站 1 号坝段相连。渠首左岸为一挡土墙型式的导墙，以第二段导墙断面为例进行分析（见图 4-63）。

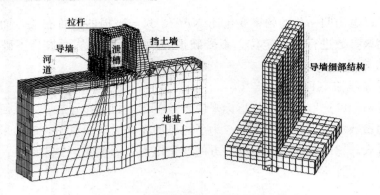

图 4-63　第二段导墙结构有限元模型图

通过对导墙资料的定性、定量以及有限元分析，总结出导墙结构产生裂缝的主要成因为，首先施工期温度控制和保温措施不太严格，运行期受寒冷气候的影响温差变化剧烈。施工记载表明，1961 年以前未进行保温，冬季施工总平均温度达到－3～－4℃，1962 年尽管采取了温控，但措施不太严格，在冬季，导墙混凝土总平均温度仍在－0.4～－3.6℃，对防止超冷作用不大，因此导致导墙在施工期出现大量裂缝。水压作用是裂缝再生和扩展的一个重要原因。即导墙两侧由于水位差的存在，使得导墙根部出现拉应力，若超过 C20 混凝土的拉应力，则结构将产生裂缝。最后水流激振是裂缝再生和扩展的另一个重要原因。例如，河西渠首电站，泄水管放水时在 1 号机尾水渠内产生面流式水跃，跃高超过墙顶 5～6m，导墙产生强烈振动，水流掀翻渠底混凝土护面，墙基掏深 1m 左右，直接威胁导墙的安全。

本文用采用有限元模型建立导墙结构不同损伤情况下固有频率的变化率为损伤定位样本进行分析见表 4-13。

在模态分析中分为有水和无水两种工况，分别称为"干模态"和"湿模态"。湿模态的计算应考虑水流的影响，一般情况下考虑水流影响是把动水压力当作一个附加质量来考虑，在工程界动水压力的计算公式一般采用 Westergaard 公式计算，参照以往工程和研究中的计算经验对公式中的系数取为 0.5，即：

$$M = 0.5\rho_0\sqrt{h_0 l} \tag{4-220}$$

式中：M 为单位面积的附加质量；ρ_0 为水的密度；h_0 为水的深度；l 为计算点到水面的距离。

表 4-13　　　　　　　　　　损伤定位训练样本

样本号	裂缝位置（m）	裂缝高度（m）	频率（Hz）				
			1	2	3	4	5
1	0	0.5	0.026559594	0.035269	0.004512044	0.02894	0.016083
2	2.9	0.5	0.007317794	0.0060521	0.00316051	0.000368	0.001348
3	6.89	0.5	0.000365021	0.0029217	0.0029006	0.01053	0.007143
4	10.9	0.5	0.000799569	0.0013252	0.002786239	0.016053	0.004717
5	14.52	0.5	0.00198154	0.0003339	0.00205849	0.007732	0.003324

样本号	裂缝位置（m）	裂缝高度（m）	频率（Hz）				
			1	2	3	4	5
6	15.89	0.5	0.001946777	0.0001878	0.001528273	0.004345	0.00319
7	18.9	0.5	0.001042916	5.217E-05	0.000582199	0.000368	0.002561
8	0	1.5	0.272333584	0.2371089	0.125990442	0.228326	0.136241
9	2.9	1.5	0.393264637	0.32292	0.195330607	0.022159	0.066326
10	6.89	1.5	0.018402395	0.1589901	0.076898649	0.47672	0.268989
11	8.89	1.5	0.004631261	0.1245274	0.045673321	0.602748	0.22242
12	11.89	1.5	0.060887716	0.1022852	0.034118628	0.645658	0.157051
13	15.89	1.5	0.1472908	0.0851896	0.037985799	0.542666	0.186868
14	18.9	1.5	0.197756698	0.0765156	0.044519228	0.441049	0.24016

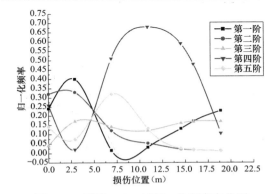

图 4-64　裂缝 0.5m 时归一化频率变化图

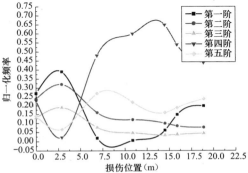

图 4-65　裂缝 1.5m 时归一化频率变化图

裂缝 0.5m 时归一化频率变化图如图 4-64 所示，1.5m 时归一化频率变化图如图 4-65 所示，根据表 4-14 计算出结构的归一化频率变化率作为训练样本裂缝位置为输出目标进行训练。表 4-14 为测试样本，由表 4-14 可见，支持向量机和 BP 网络均能够对结构的裂缝位置进行预测，由于神经网络的具有模型选取的困难，且支持向量机更加适用于小样本事件，故其识别结果要优于 BP 网络。最大误差为 2.35%。首先由实测结构位移时程曲线（见图 4-66 和图 4-67）对该信号进行定阶（见图 4-68），计算出该信号包含了结构的前五阶固有频率，应用识别方法对其进行识别，识别出的结构固有频率分别 5.295、8.554、9.103、12.638、21.78Hz，计算出相对于完好时频率变化率并进行归一化处理，输入支持向量机模型，识别出结构损伤位置为 0.4m 左右，然后由结构在损伤 0.5m 和 1.5m 时频率变化的平方比，由式（4-220）计算出结构在根部损伤约 1.19m 左右。

表 4-14　　　　　　　　　　　损伤定位测试样本

样本号	频率（Hz）					裂缝高度（m）	裂缝位置（m）	裂缝位置 LS-SVM 识别结果（m）	LS-SVM 相差（%）	裂缝位置 BP 识别结果（m）	BP 相差（%）
	1	2	3	4	5						
1	0.0031	0.079	0.11	0.63	0.68	0.5	8.89	9.01	1.34	13.6	52.9
2	0.052	0.043	0.13	0.68	0.071	0.5	11.89	11.61	2.35	12.76	7.3
3	0.038	0.11	0.035	0.65	0.17	1.5	10.9	10.78	1.10	10.57	3.02

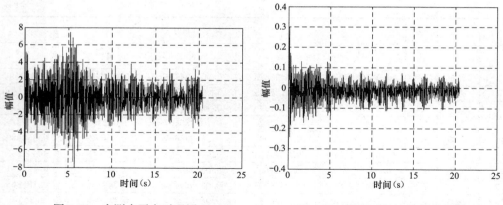

图 4-66　实测水平向时程图　　　　　图 4-67　随机减量法处理时程图

对比结构前五阶 FCI（见图 4-69）及结构振型图（见图 4-70 和图 4-71）可以发现：

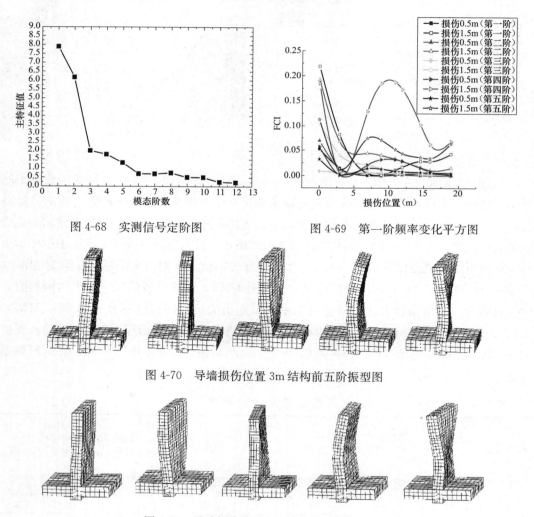

图 4-68　实测信号定阶图　　　　　图 4-69　第一阶频率变化平方图

图 4-70　导墙损伤位置 3m 结构前五阶振型图

图 4-71　导墙损伤位置 8m 结构前五阶振型图

（1）结构损伤位置在 8m 左右时，裂缝长度为 0.5m 和 1.5m 时，第一阶频率变化的平方比变化较小，第四阶及第五阶频率变化在结构损伤位置 3.0m 左右不敏感。

（2）第二阶与第三阶频率变化随着结构损伤位置的升高呈递减变化。

（3）通过以上分析结构不同阶结构频率的平方的变化对损伤位置的敏感程度，可以选择对损伤位置敏感的某阶自振频率变化平方比对结构的损伤程度进行评估。

4.5.4　某水利枢纽结构损伤诊断

某水利枢纽工程兴建于 20 世纪 50 年代，是以灌溉、发电为主兼顾航运、城市供水等多目标综合利用的水利枢纽工程，该枢纽工程由 35 个不同断面的混凝土坝段组成，为二等工程。坝体结构采用河床闸墩式混凝土薄壁结构（剖面图见图 4-72）。由于其位于西北严寒地区，年温差幅度大，电站混凝土浇筑时分块不合理，缺乏温控、保温等措施，水下结构孔洞多，结构厚度薄、跨度大等因素，施工后裂缝情况较为严重。其中以平行坝轴线方向的电站坝段"三大条"贯穿性裂缝（见图 4-73）对大坝的整体性及安全构成了严重的威胁。

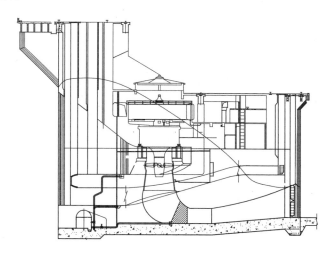

图 4-72　水电站厂房结构剖面图

位于电站坝段的"三大条"裂缝是垂直于水流、平行坝轴线方向，分布在机中、机上、机下三条贯穿电站和溢流坝的裂缝，是危害该大坝最大的裂缝（见图 4-73）。裂缝分别位于机组中心线 0+000m 附近、机上 0+004.5～007.0m 附近、机下 0+007.0～009.5m 附近。该裂缝从基础到顶部几乎贯穿，在立面上呈断续分布，似将大坝分成四块。

关于裂缝的起始开裂位置，从 20 世纪 90 年代开始，就引起了诸多学者

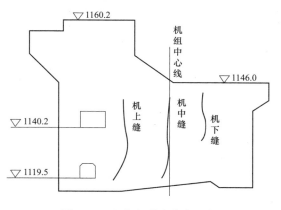

图 4-73　三大条裂缝分布示意

的关注。王春华、邹少军等人指出，裂缝大体从 1122.0m 高程到坝体上部边界；顾冲时、马福恒和吴中如等专家对该水电站裂缝进行了详细的研究后，将该裂缝进行了模拟，得出以下结论：机中裂缝，位于机组中心线附近，1140.2～1146m 模拟成开裂，1124～1140.2m 部位裂缝基本闭合，1124m 以下未开裂，这样裂缝的总长度为 22m；机上裂缝，位于机组中心线上游 6m 附近，1140.2m 以上裂缝张开，1124～1140.2m 基本闭合，1124m 以下未开裂；机下裂缝，位于机组中心线下游约 8m 附近，1124m 以上贯通，以下未开裂。黄正道、黄平 1999 年指出，该厂房结构的三条贯穿性裂缝已经大大削弱了结构的整体性，但经复核，结构的整体稳定和分块稳定以及强度均能满足现行规范的要求，且水下部分基本上处于湿涨闭合状态。

总之，由于诸多原因，大坝坝身出现的三大裂缝，已影响到大坝的安全运行和效益的发挥。为了结构的安全及机组的正常运行，必须对结构的破损情况及安全性能进行认真研究，从而提出相应的治理和消缺措施。通过对电站 5 号坝段观测资料的定性和定量分析以及有限元法分析，该电站坝段的裂缝成因：内因是电站坝段结构单薄，孔洞较多；外因是施工期温度控制和保温措施不够严，以及运行期受地区气温寒冷影响，温差变化剧烈，产生较大的温度应力所致，此外，水压力的作用致使裂缝再生和扩展。

（1）电站坝段结构单薄，坝身孔洞较多是产生裂缝的内因。电站坝段孔洞较多，孔洞面积约占 50%，结构单薄，因而在温度骤降时，容易产生超冷现象，将在混凝土内产生较大的温度应力。在"三大条"裂缝附近，局部应力已超过混凝土的抗拉强度，尤其在 1140.2m 以上应力较大，其中机中裂缝的最大正应力达 2.214MPa，机上裂缝的正应力达 1.246MPa，机下裂缝的最大正应力 1.355MPa。因而容易引起混凝土开裂。此外，从钢筋应力过程线图也可以看出，钢筋应力受温度变化影响也十分显著，冬季钢筋应力较大。

（2）施工期温度控制不够严，运行期温差变化剧烈，内水压力及其裂缝渗流水的作用是裂缝再生和扩展的外因。由施工记录表明，1961 年以前未进行保温，冬季混凝土温度达 −3～−4℃，使温差比稳定温度增加 5～6℃，施工温度应力相应增加 20%～30%。1962 年尽管采取了温控，但措施不太严，在冬季，电站混凝土温度仍在 −0.4～−3.6℃，对防止超冷作用不大。因而造成施工期坝体出现大量裂缝。在运行期，电站坝段泄水管及引水发电管道过水，电站引水发电初期，钢筋应力增大较快，一方面是水压荷载引起；另一方面由于该电站基本上为日调节电站，库水温因受气温变化影响较大，当冬季受寒流和气温骤降时，钢筋应力增加较大，因而易使裂缝进一步再生和扩展。

（3）水压力的作用促使裂缝发展。由于水压荷载是长期荷载，是引起裂缝开度产生时效变形的重要因素[45]。

总之，由以上分析可以看出，该结构自某一高程以上完全开裂且结构的裂缝位置已经基本确定，即位于机中、机上和机下的三条贯穿性裂缝。只需要对结构的裂缝深度进行评估即可。下面结合基于结构模态参数的损伤诊断方法对裂缝进行评估。

4.5.4.1　模拟范围及材料特性对结构自振特性的影响

在结构有限元模型的建立中，除裂缝因素外，其他诸多因素如坝体和地基的弹模、基础的模拟范围及动水压力等都将对结构的自振特性产生一定的影响，故为了分析结构中由于裂缝原因对结构自振特性的影响需对这些因素进行分析。

首先要合理的选取地基的模拟范围，以保证计算边界的正确性。本文针对此问题建立了不同深度和宽度的三维有限元分析模型，计算出结构的前五阶自振频率进行分析，由图 4-74 和图 4-75 可以看出，结构自振频率随着结构深度和宽度的增加呈减小趋势，但变化不大，当基础深 35m、上下游宽 30m 时基本趋于稳定，故本文地基的模拟范围采用深 60m、宽 45m，满足计算精度要求。

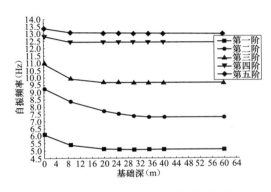

图 4-74　基础深对自振特性的影响　　　　图 4-75　基础宽对自振特性的影响

图 4-76 和图 4-77 表示了坝体和基础弹性模量变化时对结构自振特性的影响，由图可以看出结构自振频率随着坝体弹性模量的降低呈降低趋势，但对于前五阶频率影响不大，最大值不超过 4%。最后本文考虑到该结构采用了 C30 混凝土，考虑到电站已经运行 40 余年，混凝土老化和钢筋锈蚀等因素，并且参考类似工程，结构动弹性模量界定为 22.6GPa，基础动弹性模量 15.6GPa。表 4-15 说明了对结构的干湿模态进行了分析，结果表明，由于水流作用使得结构的自振频率有所降低，而对于前三阶影响较小，不超过 7%。

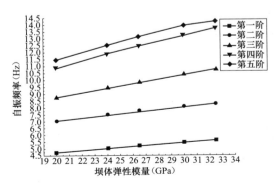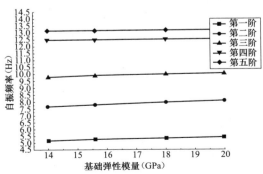

图 4-76　坝体弹性模量对自振特性的影响　　　图 4-77　基础弹性模量对自振特性的影响

表 4-15		结构完好时干湿模态自振频率比较表			Hz
阶数	1	2	3	4	5
干模态	5.235	7.763	9.847	12.48	13.15
湿模态	4.983	7.233	9.722	10.76	11.65
相差（%）	4.81	6.88	1.27	13.78	11.41

通过以上分析可知，裂缝因素将对结构自振特性的影响占主要地位，故通过结构的自振特性对结构的损伤程度进行判断是满足工程要求。计算模型采用典型电站坝段 5 号坝段进行模拟，模型的边界模拟范围：取上、下游基础的长度为 45m，基础的最大模拟深度为 60m，基础动弹性模量 15.6GPa，坝体动弹性模量 26.5GPa，能够满足计算精度要求。有限元模型见图 4-78 和图 4-79。边界条件：基础地面取三向约束，其余面为法向约束。

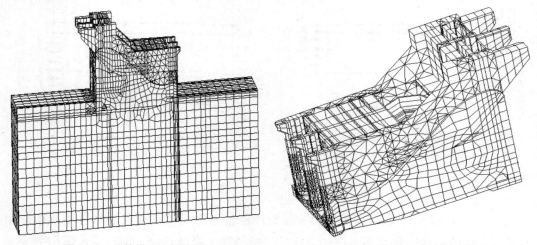

图 4-78　整体模型有限元图　　　　　图 4-79　厂房坝体段有限元模型图

4.5.4.2　坝体结构损伤分析

首先计算出裂缝不同深度时结构的自振频率。然后利用结构测试出的位移时间历程（见图 4-80）对结构的模态参数进行识别。计算结果见表 4-16、表 4-17 和表 4-19，表 4-18 为工况说明表。

表 4-16　　　　　　　　　　　坝体结构模态参数计算结果

阶数	坝顶		下机架基础	
	频率（Hz）	阻尼比（%）	频率（Hz）	阻尼比（%）
第一阶	4.28	6.55	4.41	6.78
第二阶	6.06	6.07	6.20	5.56
第三阶	8.11	5.56	8.01	5.64

表 4-17　　　　　　　　　　　　自振频率识别结果

阶数	ITD	STD	复指数法	时间序列法	平均
第一阶	4.3827	4.7344	4.721	4.4239	4.5655
第二阶	6.4172	6.3533	6.3997	6.2668	6.3590
第三阶	8.9453	8.91	8.9088	8.8804	8.9111

表 4-18 工 况 说 明

序号	机上裂缝	机中裂缝	机下裂缝
工况一	完好	完好	完好
工况二	22m	22m	22m
工况三	贯通	贯通	贯通

表 4-19 各工况结构自振频率计算结果 Hz

阶数	工况一	工况二	工况三	识别结果
第一阶	5.2353	4.6758	2.8540	4.5655
第二阶	7.7675	6.7103	3.5477	6.3590
第三阶	9.8471	8.7938	5.4390	8.9111

由表 4-18 和表 4-19、图 4-80 和图 4-81 可以看出：

（1）由于坝段"三大条"裂缝的出现，使得结构的性能有所降低。

（2）结构三大裂缝并非贯穿性裂缝，结构仍然具有一定的整体性。

（3）计算出不同裂缝深度对自振频率的影响，经计算机组坝段当裂缝开展为由基础向上，三大裂缝深度 22m 左右时，结构的自振频率为与识别结果相近。

（4）通过时域方法计算出的对应频率下的位移时程曲线与实测吻合较好。

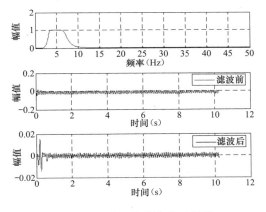

图 4-80 带通滤波位移时程线

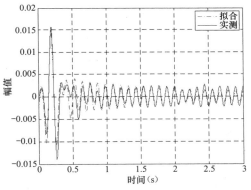

图 4-81 机组位移时程拟合线

4.5.4.3 自振特性分析

根据以上损伤分析得出结论，采用有限元数值计算的方法对该水电站厂房结构的动力特性进行计算分析。计算三种工况下干模态结构的自振频率，列于表 4-20。

表 4-20 裂缝前后厂房结构自振频率 Hz

阶数	工况一	工况二	相差（%）	工况三	相差（%）
1	5.2353	4.6758	10.6871	2.8540	45.4854
2	7.7675	6.7103	13.6106	3.5477	54.3264
3	9.8471	8.7938	10.6966	5.4390	44.7655
4	12.483	10.399	16.6947	6.7910	45.5980

续表

阶数	工况一	工况二	相差（%）	工况三	相差（%）
5	13.153	11.049	15.9964	7.8783	40.1026
6	13.630	12.311	9.6771	8.8829	34.8283
7	14.035	12.420	11.6059	9.3751	33.201
8	15.170	13.776	9.1892	10.350	31.7732
9	15.319	14.871	2.9245	10.797	25.51892
10	16.096	15.636	2.8578	11.942	25.8077

经计算可知：

（1）在结构未出现裂缝时，第一阶自振频率为 5.2353Hz，主要为结构沿水平方向左右振动，第二阶为上下振动，第三阶上部结构发生扭动。

（2）裂缝出现并完全贯通后结构的自振频率出现了大幅度的降低，前十阶自振频率降幅都在 25%以上，尤其是第四阶自振频率降低了一半多，达 45.59%。

（3）三大条裂缝出现后，结构的振型首先主要是沿机上缝左侧的坝体的振动和扭动，使得裂缝呈增大趋势。随着自振频率的增大，结构将沿机中缝开始振动。

（4）机上缝对结构的振型和自振频率影响较大。其次为机中缝，最后为机下缝，这主要是由于机上缝距离坝顶较近。对这道裂缝应给予足够的重视。

总之，由于结构裂缝的出现将结构一分为四，减弱了结构的整体性，使得结构的刚度降低，局部结构在小的频率下容易发生振动，从而使结构的自振频率降低，尤其是机上缝以上部分，较为薄弱，对结构的稳定性不利。

4.5.4.4　坝体结构安全性评估

通过计算，可以确定坝体结构裂缝为自基础向上开展 22m 左右，下面就结构的安全性进行评估，首先计算结构在各种静力荷载作用下的应力及位移。表 4-21 为计算结果汇总表。

表 4-21　　　　　　　　　　结构静力计算结果汇总表　　　　　　　　　　MPa

工况	第一主应力	位置	第三主应力	位置
工况一	0.8066	蜗壳内侧	1.16	蜗壳外侧
工况二	0.956	蜗壳内侧	2.25	蜗壳外侧
工况三	1.15	蜗壳内侧	3.26	蜗壳外侧

由表 4-21 可以看出，①结构在设计水位下，结构随着裂缝开展规模的扩大，应力呈增大趋势，但影响较小。②裂缝开展后结构仍能满足混凝土强度要求。

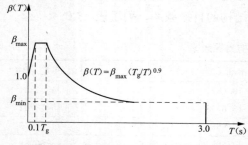

图 4-82　水电站厂房结构设计反应谱

抗震设计是水工建筑物设计中的重要环节。由于该结构处于高烈度区，地震设计烈度为 8 度，故需要对结构裂缝后的抗震特性进行分析，设计水平向地震加速度代表值 $\alpha_h = 0.20g$，计算反应谱按照《水工建筑物抗震设计规范》DL 5075—2000，设计反应谱见图 4-82，地震加速度反应谱见

表 4-22，设计反应谱最大值的代表值为 $\beta_{max}=2.25$，最小值的代表值不应小于最大值的代表值的 20%，由于没有该场地条件的具体资料，参考类似工程，为Ⅱ类，相应的特征周期为 $T_g=0.30s$。

表 4-22　　　　地 震 加 速 度 反 应 谱

序号	周期 (S)	频率 (Hz)	横河向 (m/s²)	顺河向 (m/s²)	垂直向 (m/s²)
1	0.05	20.00	2.25	2.25	1.50
2	0.10	10.00	4.50	4.50	3.00
3	0.20	5.00	4.50	4.50	3.00
4	0.30	3.33	4.50	4.50	3.00
5	0.40	2.50	3.47	3.47	2.32
6	0.50	2.00	2.84	2.84	1.89
7	0.60	1.67	2.41	2.41	1.61
8	0.70	1.43	2.10	2.10	1.40
9	0.80	1.25	1.86	1.86	1.24
10	0.90	1.11	1.67	1.67	1.12
11	1.00	1.00	1.52	1.52	1.02

结构在三种工况下的抗震特性进行分析。计算汇总见表 4-23。

表 4-23　　　　地震作用下坝体结构最大响应值汇总表　　　　MPa

工况	横河向		顺河向		垂直向	
	第一主应力	第三主应力	第一主应力	第三主应力	第一主应力	第三主应力
工况一	1.03	1.04	1.32	0.15	0.7	0.104
工况二	1.58	1.13	1.34	0.16	1.69	0.24
工况三	1.61	1.39	5.29	0.76	1.80	1.69

由表 4-23 可知：①在各向地震作用下，结构的第一和第三主应力随裂缝深度呈增大趋势。②在横河向地震作用下，结构的第一主应力，除局部点出现由于应力集中造成结构应力较大（工况一 3.04MPa，工况二 3.50MPa，工况三 3.59MPa）外，坝体其他部位应力值都不大。③在顺河流方向地震作用下，结构响应变化较大，当机上缝裂缝深度 22m 时，第一主应力为 1.34MPa，若不进行处理，任其发展，则当裂缝完全贯通时，结构大部分区域将出现很大的拉应力，最大值为 5.29MPa，这说明混凝土结构将被破坏。故应对裂缝尽早进行处理，以免此类情况发生。④在垂直地震加速度作用下，结构除裂缝完全贯通情况下和局部楼板发生较大的应力值外，最大值发生在蜗壳进水口处为 1.69MPa，需要对结构进行处理。

总之，结构由于混凝土老化及三大裂缝的出现，在静力作用下，基本满足运营要求，但其对外观等因素造成了一定的影响，尤其使得结构的抗震性能大大降低，且随着裂缝的增大而急剧降低。

4.6　本章小结

对已建结构破损状态进行鉴定的重要性和迫切性正日益为人们所认识。在结构破损评估中，传统的检测手段难以全面的反映结构的健康状况，同时，检测结果也缺乏对结构安全储备以及退化途径进行系统的评估。基于结构振动模态的损伤诊断是现阶段结构工程研究中的热点问题之一。水工结构在实际运营中，由于设计、施工等先天缺陷或者使用载荷超出设计或者遭受强大的突加外在荷载（如地震作用等）的作用会使结构出现不同程度的损伤，结构发生损伤以后将严重影响结构的承载力及耐久性，甚至会发生严重的工程事故，不仅造成重大的人员伤亡和经济损失，而且会产生极坏的社会影响。20世纪50年代末国际相继发生的著名垮坝事件，以及大型水利水电工程运行中强烈的振动灾害，使得大体积水工结构的安全和正常运行问题成为业界的焦点，因此，为了保证结构的安全性、完整性和耐久性，需采用有效的手段对结构进行健康状态诊断。本文针对流激振动下水工结构模态参数识别与损伤诊断方法进行了研究，主要研究成果如下：

（1）对振动信号的预处理方法进行了研究，包括信号消噪技术（振动信号的带通滤波消噪、小波消噪及卡尔曼滤波消噪）和多信号分类定阶方法。

（2）研究了流激振动下信号分解的结构模态参数的识别方法。包括小波分解法、EMD分解法和Gabor分解法。

（3）提出了流激振动下基于带通滤波的水工结构模态参数识别方法。由于实验或现场采集的信号信噪比较低，造成应用时域分析法进行模态参数识别时，识别结果和真实参数或理论值相差较多；此外，如若结构振动的前几阶自振频率较接近时，识别结果有时还会出现漏掉某阶频率的现象。应用带通滤波的结构模态参数识别方法可以很好的解决上述的问题。其在一定程度上提高了自振频率的识别精度。然而由于滤波的作用，削弱了信号的能量，故其对于阻尼比的识别有待提高。

（4）提出了流激振动下水工结构模态参数的遗传识别方法。水工结构一般规模巨大，常规的激励方式一般是在非工作状态下采取某些特殊方法（如冲击爆破、机组甩负荷等）去激励，这些方法会对结构产生不良影响。此外，由于噪声的干扰往往产生众多虚假模态，若对信号进行滤波处理，将在一定规模上牺牲阻尼比的识别精度。针对水工结构的流激振动响应比较容易获得，本文提出了一种基于遗传算法的结构模态参数识别方法，采用多信号分类方法进行信号定阶，确定模型的参数，然后通过遗传算法强大的寻优功能对结构的模态参数进行识别。本文首先运用该方法通过模拟信号和悬臂梁实验进行对其进行了验证。然后将其应用到水电站厂房结构的模态参数识别中，结果表明，该方法能够有效较准确的对结构的自振频率和阻尼比进行识别。

（5）提出了基于支持向量机和模态分析的导墙结构损伤诊断方法。通过支持向量机的二次优化问题求解，以保证小样本情况下机器学习得到的解是全局最优解，避免了人工神经网络等方法的网络结构难于确定、过学习、欠学习以及局部最小化等问题，成功的实现了导墙结构（尤其是处于水下部位）的损伤定位和定量难的问题。

（6）基于泄流振动的水工结构模态参数识别是一种利用环境荷载的模态识别方法，该方法能够有效地节约资源，且识别结果可靠。本文首次提出并将该方法应用到水利水电工程中来。以某大坝"三大条"贯穿性裂缝为研究对象，通过对裂缝成因、灌浆效果评价等多方面因素的综合分析，最后通过基于结构模态参数的损伤诊断，得出结构裂缝深度为 22m，并通过对现场采集数据的分析和有限元计算验证了上述结论，就结构的安全性能进行了分析。

参考文献

[1] 陈德亮. 结构损伤检测与诊断的方法研究进展 [J]. 沈阳工业大学学报，2004，26（4）：457-460.

[2] 王茂龙. 结构损伤识别与模型更新方法研究. 东南大学博士论文. 2003.

[3] 刘纪文，徐金梧. ⅡR 数字滤波器的计算机设计方法 [J]. 北京科技大学学报. 1999，21（1）：79-82.

[4] 郑忠龙，于飞，等. 应用小波分析研究信号消噪 [J]. 青岛化工学院学报，2002，23（4）：71-74.

[5] 周伟. MATLAB 小波分析高级技术 [M]. 西安电子科技大学出版社，2006.

[6] 李智录，胡静. 卡尔曼滤波回归统计模型及工程应用分析 [J]. 水电自动化与大坝监测，2007，31（1）：82-84.

[7] 胡建华，徐健健. 一种基于遗传算法和卡尔曼滤波的运动目标跟踪方法 [J]. 计算机应用，2007，27（2）：916-918.

[8] 邓自立. 最优滤波理论及其应用 [M]. 哈尔滨：哈尔滨工业大学出版社，2000.

[9] 邓自立. 卡尔曼滤波与维纳滤波 [M]. 哈尔滨：哈尔滨工业大学出版社，2001.

[10] Simon Haykin. 自适应滤波器原理 [M]. 北京：电子工业出版社，2006.

[11] 姜常真. 信息分析与处理 [M]. 天津：天津大学出版社，2000.

[12] 傅志方，华宏星. 模态分析理论与应用 [M]. 上海：上海交通出版社，2000.

[13] 谭冬梅，姚兰，等. 振动模态的参数识别综述 [J]. 华中科技大学学报. 2002，19（3）：73-78.

[14] 曹树谦，等. 振动结构模态分析理论、实验与应用 [M]. 天津：天津大学出版社，2001.

[15] J. E. Mottershead, M. I. Friswell. Model updating in structural dynamics [J]. Joural of Sound and Vibration，1993，167（2）：343-375.

[16] 李国强，李杰. 工程结构动力检测理论与应用 [M]. 北京：科学出版社，2002.

[17] 李涛. 几种基于环境激励的结构损伤识别方法的比较 [D]. 大庆：大庆石油学院硕士学位论文，2007.

[18] 李中付，宋汉文，等. 基于环境激励的模态参数识别方法综述 [J]. 振动工程学报增刊，2000，13（5）：578-585.

[19] 郭健. 基于小波分析的结构损伤识别方法研究 [D]. 浙江大学博士学位论文. 2004.

[20] 陈换过. 小波变换和神经网络方法在复合材料结构损伤振动检测中的应用 [D]. 合肥：合肥工业大学硕士论文.

[21] 王长军. 基于小波分析的结构模态参数识别与破损诊断方法研究 [D]. 浙江大学博士学位论文. 2004.

[22] Z. Hou，M. Noori，R. St. Amand. Wavelet-based Approach for Structural Damage Detection [J]. Journal of engineering mechanics. 2000，7：677-683.

[23] 周伟. MATLAB 小波分析高级技术 [M]. 西安：西安电子科技大学出版社，2006.

[24] 李建平，唐远炎. 小波分析方法的应用 [M]. 重庆：重庆大学出版社，1999.

[25] 李爱萍，段利国. 小波分析在信号降噪处理中的应用 [J]，太原理工大学学报，2001，32（1）：69-71.

[26] 钟佑明. 希尔伯特—黄变换局瞬信号分析理论的研究 [D]. 重庆大学博士论文，2002.

[27] Huang. N. and others. The empirical mode decomposition and the Hilbert spectrum for nonlinear and non-station time series analysis [J]. Proc. R. Soc. 1998，4：903-995.

[28] 邓拥军，等. EMD 方法及 Hilbert 变换中边界问题的处理，科学通报，2001，46（3）：257-263.

[29] 罗奇峰，石春香. Hilbert-Huang 变换理论及其计算中的问题，同济大学学报，2003，31（6）：637-640.

[30] 石春香. HHT 变换及其在结构分析中的应用 [D]. 上海：同济大学博士学位论文，2004.

[31] 常鸣. 基于 HHT 技术的结构损伤定位研究 [D]. 南京：南京航空航天大学硕士学位论文，2005.

[32] 任春. HHT 在结构动力分析中应用的探讨 [D]. 上海：同济大学硕士学位论文，2005.

[33] 张郁山. 希尔伯特—黄变换（HHT）与地震动时程的希尔伯特谱——方法与应用研究，中国地震局地球物理研究所博士学位论文，2003.

[34] Helong Lia, Xiaoyan Deng, Hongliang Dai. Structural damage detection using the combination method of EMD and wavelet analysis [J]. Mechanical Systems and Signal Processing. 2007，21：298-306.

[35] 贾民平，等. 基于时序分析的经验模式分解法及其应用，2004，40（9）：54-57.

[36] 张辉东. 水电站厂房结构的非线性和耦联振动分析与模态参数识别 [D]. 天津大学博士学位论文，2006.

[37] 刘波，文忠，曾涯. MATLAB 信号处理 [M]. 北京：电子工业出版社. 2006.

[38] ArnoJ. van Leest, Martin J. Bastiaans. Gabor's signal expansion and the Gabor transform on a non-separable time-frequency lattices. Journal of the Franklin Institute [J]. 2000，337：291-301.

[39] Liang Tao, H. K. kwan. Parallel Lattice structure of block time-recursive discrete Gabor transform and its inverse transform. Signal Processing [J]. 2007，337：1-8.

[40] Taehyoun Kim, Frequency-domain Karhunen-loeve method and its application to linear dynamic systems [J]. AIAA Journal, 1998, 36（11）：2117-2123.

[41] 张志谊，续秀忠，等. 基于信号时频分解的模态参数识别 [J]. 振动工程学报，2002，15（4）：389-394.

[42] 李敏强，寇纪松，等. 遗传算法的基本理论与应用 [M]. 北京：科学出版社，2002.

[43] 王小平，曹立明. 遗传算法理论、应用与软件实现 [M]. 西安：西安交通大学出版社，2002.

[44] 玄光南，程润伟. 遗传算法与工程实现 [M]. 北京：科学出版社，2002.

[45] 马斌. 遗传算法在初始地应力场分析中的应用 [D]. 天津：天津大学硕士论文. 2003.

[46] 王春华，邹少军. 青铜峡大坝电站坝段三大条贯穿性裂缝及 3 号胸墙裂缝处理. 大坝与安全，1998（14）：61-65.

[47] 吴子平，吴中如，等. 青铜峡大坝电站坝段变形性态及裂缝物理成因分析. 大坝观测与土工测试，2001，25（1）：25-27，45.

[48] 练继建. 黄河李家峡水电站双排机组真机试验研究 [R]. 天津：天津大学水利水电工程系，2004.

[49] 练继建，田会静，秦亮，等. 停机过程中水电站厂房支承结构动力特性识别方法 [J]. 中国工程科学，2006，8（4）：72-75.

[50] 练继建，秦亮. 双排机水电站厂房结构动力特性研究 [J]. 水力发电学报 2004. 23（2）：55-60.

［51］ 郭巍. 基于应变及应变模态变化率的薄板损伤数值分析，大庆石油学院硕士学位论文，2006.

［52］ 顾培英，陈厚群，等. 用应变模态技术诊断梁结构的损伤［J］. 地震工程与工程振动，2005，25（4）：50-53.

［53］ 刘娟，黄维平. 二重结构编码遗传算法在传感器配置中的应用［J］. 振动、测试与诊断. 2004，24（4）：281-284.

［54］ 邹晓军. 梁桥结构损伤识别的曲率模态技术［D］. 武汉：武汉理工大学硕士学位论文，2003.

［55］ 杨华. 基于柔度矩阵法的结构损伤识别［J］. 长春理工大学学报. 2005，28（4）：22-23.

［56］ 陈孝珍. 基于结构动力响应的结构损伤诊断［J］. 科学技术与工程. 2004，4（3）：176-180.

［57］ 胡少伟，苗同臣. 结构振动理论及其应用，北京：中国建筑工业出版社，2005.

［58］ 刘龙. 基于曲率模态和支持向量机的结构损伤位置的两步识别方法［J］. 工程力学增刊. 2006，23：35-45.

［59］ 谭东宁. 小样本机器学习理论：统计学习理论［J］. 南京理工大学学报. 2001，25（1）：108-112.

［60］ Vapnik V N，Levin E，Le C Y. Measuring the VC-dimension of a learning machine ［J］. Neural Computation，1994，（6）：851-876.

［61］ Everett J G，Thompson W S. Experience Modification Rating For Workers' Compensation Insurance ［J］. Journal of Construction Engineering and Management，1995，121（1）：66-78.

［62］ Burges C J C. A tutorial on support vector machines for pattern recognition ［J］. Data Mining and Knowledge Disco-very，1998，2（2）：57-60.

［63］ Scholkopf B，Burges C，Vapnik V N. Extracting support data for a given task. In：Fayyad U MUthurusamy R（eds.）. Proc. Of First Intl. Conf. On Knowledge Discovery & Data Mining，AAA I Press，1995：262-267.

［64］ Vapnik V N，Golowich S，Smola A. Support vector method for function approximation，regression estimation，and signal processing. In：Mozer M，Jordan M，Petsche T（eds）［C］. Neural Information，2003.

［65］ Muller K-R，Smola A J，Ratsch G，et al. Predicting time series with support vector machines. In：Proc. of ICANN'97 ［C］. Springer Lecture Notes in Computer Science，1997，999~1005.

［66］ Zhang H B，Zhong P，Zhang C H. The Newton-PCG Algorithm via Automatic Differentiation. OR Transaction，2003，7（1）：28-38.

［67］ Bartlett P L. The sample complexity of pattern classification with neural network：the size of the weights is more important than the size of network ［J］. IEEE Transactions on Information Theory，1998，44（2）：525-536.

［68］ Scholkopf B，Smola A，MllerK-R. Nonlinear componen tanalysis as kernel eigenvalue problem ［J］.

［69］ Scholkopf B，Sung K-K，Burges C，et al. Comparing support vector machines with Gaussian kernels to radial basis function classifiers ［C］. IEEE Trans. On Signal Processing，1997，45（11）：2758-2765.

［70］ Zhang XG. Using class-center vectors to build support vector machines ［C］. Madison：Proc. Of NNSP99，1999.

［71］ 郭琳，孙伟，魏建军. 基于 BP 神经网络算法的土木结构损伤检测研究［J］. 华东交通大学学报. 2007，24（4）：39-42.

[72] 杨杰，李爱群，缪长青. BP 神经网络在大跨斜拉桥的斜拉索损伤识别中的应用 [J]. 土木工程学报. 2006，39（5）：72-95.

[73] 郄志红. 大坝安全监测资料正反分析的智能软计算方法及其应用 [J]，天津：天津大学博士学位论文，2005.

[74] Cherkassky V, Mulier F. Learning from Data：Concepts，Theory and Methods [M]. NY：John Viley& Sons，1997.

[75] 张恒喜，郭基联，朱家元，等. 小样本多元数据分析方法及应用 [M]. 西安：西安工业大学出版，2002.

[76] Zhu J Y, Ren B, Zhang H X, et al. Time Series Prediction via New Support Vector Machines [C]. Beijing：IEEE In proceedings of ICMLC2002，2002.

[77] Zhu J Y, Shang B L, Zhang H X. An Improve Fast Classification Algorithm Based on Learning Vector Quantization [C]. Chengdu：In proceedings of international conference on modeling and simulating of complex system，2002.

[78] 张学工. 统计学习理论的本质 [M]. 北京：清华大学出版社，2000.

[79] 刘江华，程君实，陈佳品. 支持向量机训练算法综述 [J]. 信息与控制，2002，31（1），45-50.

[80] 朱国强，刘士荣，俞金寿. 支持向量机及其在函数逼近中的应用 [J]. 华东理工大学学报，2002 28（2），555-559.

[81] 肖健华，吴今培. 样本数目不对称时的 SVM 模型 [J]. 计算科学，2003，30·(2)：165-167.

[82] Ren-Jeng Lin, Fu-Ping Cheng. Multiple crack identification of a free-free beam with uniform material property variation and varied noised frequency [J]. Engineering Structure，2007，1-21.

[83] 余昆，倪海波，唐小兵. 基于神经网络和遗传算法结合的桥梁结构损伤诊断 [J]. 武汉理工大学学报（交通科学与工程版）. 2006，30（2）：279-281.

[84] 崔光涛，练继建，等. 水流动力荷载与流固相互作用 [M]. 北京：中国水利水电出版社，1999.

[85] 李建中，宁利中. 高速水力学 [M]. 北京：清华大学出版社，2000.

[86] 顾冲时，马福衡，吴中如，等. 青铜峡大坝电站坝段变形"疑点"的物理成因分析，大坝与安全，1998，4：38-43.

[87] 马福恒，吴中如，顾冲时，等. 综合分析法研究特殊坝体结构的变形规律，河海大学学报，1999，27（1）：103-108.

[88] 黄正道，唐平. 青铜峡水电站大坝安全定期检查与补强消缺，水力发电，1999，8：48-50.

[89] 刘广林，陶来顺，等. 青铜峡大坝变形监测系统，大坝观测与变形监测系统，1996，20（1）：16-19.

[90] 单宇鬌，胡连军，贾恩红，陈雪峰，邹少军，等. 青铜峡水工泄水建筑物混凝土缺陷水下补强加固，大坝与安全，2002（1）：39-43.

[91] 潘毅群，夏峰，等. 青铜峡大坝安全运行管理. 大坝与安全，1998（4）：16-20.

[92] 孔繁全. 宁夏的"龙头"工程、塞上江南的一颗明珠. 中国电力，1995（7）：66-67.

[93] 马福恒，王仁钟，吴中如，顾冲时，等. 模糊控制的预测模型及其应用. 大坝观测与土工测试，2001，25（2）：17-20.

[94] 孙小鹏. 脉动压力的随机数学模拟 [J]. 水利学报，1991（5）：52-56.

[95] 孙小鹏，薛盘珍，吕家才. 泄流压力脉动及其概化设计 [J]. 水动力学研究与进展，1997，12（1）：102-112.

第 5 章

混凝土结构无损检测技术

混凝土无损检测是指在不破坏混凝土内部结构和使用性能的情况下，利用声、光、热、电、磁和射线等方法，测定与混凝土力学性能有关的物理量，来推定混凝土的强度、缺陷等。混凝土无损检测与常规的标准试块破坏试验方法相比，具有如下特点：

（1）不破坏构件或建筑物的组织结构，不影响其使用性能，且简便快速。

（2）可直接在混凝土结构上作全面检测，能比较真实地反应混凝土的实际质量和强度，可避免标准试块不能真实反应的缺点。

（3）能获得破坏试验不能获得的信息，如能检测内部孔洞、疏松、开裂、不均匀性、表层烧伤、冻害及化学腐蚀等。这些都是标准试块破坏试验无法代替的。

（4）标准试块破坏试验只能用于新建结构工程的混凝土质量检测，而无损检测方法，对在建工程和现役建筑物都能适用。

（5）可进行非接触检测，如红外线法、摄影法等，不需接触建筑物，减少了搭脚手架等过程。

（6）可进行连续测试和重复测试，使测试结果有良好的可比性。

（7）由于是间接检测，检测结果受其他因素的影响，检测精度要差一些。

目前，用于混凝土无损检测的方法很多，有超声波、回弹法、射线法、红外线、电磁波、声发射等方法。

5.1 人工检查

人工检查，是用人工肉眼观测。一般顶面混凝土浇筑后开始检查，侧面拆模后立即进行观测，一般 3～5d 检查一次，寒潮到来后加密检查次数，特别是寒潮过后，一定要全面检查一次。

混凝土的温度裂缝均一般是从棱角上或结构形状变异处首先发生，然后向内（顶面）向下延伸（侧面）。所以检查裂缝时，首先从块体边缘或断面突变出检查，发现裂缝，沿缝追踪，量出裂缝长度，目测宽度，有条件用读数显微镜，测出缝宽，在现场绘出草图，做好记录后进行裂缝登记。

经过人工检查后，检查出的严重裂缝和比较严重的裂缝，要进一步检查出裂缝的深度，确定裂缝的性质，进行补强处理。其方法有钻孔取样和钻孔照相等。这两种方法，由于费用较高，也比较费时，另外也由于这两种方法只适用于顶面裂缝的检测，侧面裂缝不好操作实施。所以在一般情况下很少采用。裂缝深度检查，大量的是采用风钻孔压水，该方法简便、经济、比较直观，是一般工程检查常用的方法。

5.2 混凝土声波检测方法

5.2.1 混凝土超声波检测方法

混凝土超声波检测方法，是指通过测量超声波脉冲在混凝土中传播的速度（简称声速）、首波幅度（简称波幅）和接受信号主频率（主频）等声学参数，并根据这些参数及其相对变化，判定混凝土内部情况的检测方法。主要用于裂缝深度、不密实区和孔洞检测、混凝土结合面质量、混凝土损伤层等检测。

超声波检测裂缝深度，一般根据被测裂缝所处的具体情况，采用单面平测法、双面斜测法或专控对测法。对于大体积混凝土的裂缝检测，裂缝一般较深以及平行表面因测距过大使得测试灵敏度满足不了要求，所以一般不宜采用双面斜测法和单面平测法，通常采用钻孔对测法进行检测。

不密实区和孔洞检测主要通过测试区域内声速和衰减等声学参数的变化情况，判断混凝土的不密实区和孔洞。检测时，测试范围一般都要大于所怀疑的区域，或者先进行大范围粗测，根据粗测的数据情况再着重对可疑区域进行细测。

混凝土结合面质量，一般采用穿过或与不穿过结合面的脉冲波声速、波幅和频率等声学参数进行比较的方法。为了保证各测点的声学参数具有可比性，每一对测点都应保持倾斜角度一致和测距相等。

通过超声波既能够查明结构表面损伤程度，又可以为结构加固提供技术依据，主要通过内声速和衰减等声学参数的变化情况进行判断。过去，人们都曾假定混凝土的损伤层与未损伤部分有一个明显的分界线，但实际情况并非如此。国外的一些研究人员采用射线照相法观察化学作用对混凝土产生的腐蚀情况，发现损伤层与未损伤部分不存在明显的界限。从工程的实际情况来看，也总是最外层损伤严重，越向里深入，损伤程度越轻微，其强度和声速的分布曲线应该是连续光滑的[1]。

5.2.2 冲击回波检测法

冲击回波法也称脉冲回波法，是基于瞬态应力波的反射原理用于快速检测混凝土结构构件的厚度及孔洞、蜂窝、裂缝等缺陷。

测试时用一个小钢球或其他方式敲击结构，利用短暂的脉冲冲击力，产生脉冲应力波（即反射应力波）。通过分析冲击回波信号的时域和频域曲线，可达到检测结构厚度，或判定结构是否存在缺陷及缺陷的所在位置。主要包括冲击力的产生和波形的分析[2]。

冲击力：产生冲击力是冲击回波法的一个关键步骤。当测试长混凝土结构构件时，有多重可用的敲击物。对于薄壁结构，敲击接触的时间要明显减少，持续时间比波来回的时间段。一般采用钢球敲击，它可以产生低频率低脉冲时间的脉冲波，而且由于冲击表面的球面分析理论指出接触时间与球的直径成正比，可以通过改变球的直径产生一个比较大的接触时间范围。

波形分析：冲击波可在结构表面与缺陷或底界面间发生多重反射，或引起瞬时共振状态，进行分析时会比较复杂。高频波穿透深度较小，因此可以提供紧贴表面的上层混凝土性能信息。低频波穿透深度较大，但其性能会受到混凝土内部材料性能的影响。目前冲击波在大坝等大体积混凝土结构、路面等纵长混凝土结构以及钢衬混凝土等特种混凝土结构中得到很好的应用。

5.2.3　声发射检测方法

声发射也称应力发射，是指材料受内力或外力作用产生变形，以弹性波形式释放出应变能的现象。各种材料声发射的频率范围很宽，从次声频、声频到超声频都有。利用仪器检测、记录、分析声发射信号和利用声发射信号推断声发射源的技术，称为声发射技术。与其他无损检测方法相比，声发射检测技术具有快速、动态、整体性监测的特点，用于设备的运行状态监测，尤其对于大型结构的整体性检测，更能表现出其经济、快速和合理的特点[3]。

声发射技术经历了从试验室研究到目前在许多领域的成功应用，但声发射技术还有一些亟待解决的问题：

（1）声发射信号的非线性和随机性。主要受材料性能、形变特征、损伤繁衍等多种静态和动态因素的影响，声发射信号具有非线性和随机性。

（2）声发射信号复杂多变。不同材料或同种材料在不同条件下产生的信号特征相差较大，频率范围从次声、超声、振幅、波长等参数也相差很大。目前，所能测得的信号只是声发射源所发出的纵波、横波以及它们传播至界面上的各种波形转换后的一系列波的总和，这就给信号的测试、记录、分析以及声发射信号中有用信息的提取造成很大困难。

（3）尚没有统一的声发射参数。不同的研究者根据自己所拥有的仪器，对自己感兴趣的参数进行测试与分析，在参数的取舍上存在很大的随意性，因而使得实验结果缺少可比性。

（4）信号分析技术仍相对落后。声发射技术的关键在于信息的捕捉和特征的识别，尽管随着微电子技术和计算机的发展，以人工智能技术为代表的模式识别技术、智能性模糊处理技术也已经开始被用于声发射信号的识别和处理，但在有效特征的提取方面仍没有大的突破，声发射技术的潜力仍未得到有效的发挥。

5.3　电磁波方法

电磁波法是 20 世纪 80 年代发展起来的一种无损检测方法，它根据钢筋以及预埋铁件会影响磁场现象而设计，目前常用于检测钢筋的位置、直径、分布以及混凝土保护层的厚度等。

根据电磁感应原理，由主机的振荡器产生频率和振幅稳定的交流信号，送入探头的激磁线圈，在线圈周围产生交变磁场，接着磁场使测量线圈产生感生电流，从而产生输出信号。当没有铁磁性物质进入磁场时，由于测量线圈的对称性，此时输出信号最小，而当探头逐渐靠近钢筋时，探头产生交变磁场在钢筋内激发出涡流，而变化的涡流反过来又激发变化的电磁场，引起输出信号值慢慢增大，当探头位于钢筋正上方，且其轴线与被测钢筋平行时，输出信号值最大，由此定出钢筋的位置和走向。

探地雷达方法是用电磁能，特别是用频率 50～1500MHz 时电磁波的一种方法，目前已经被用来检测混凝土结构中的孔洞和分层、定位钢筋位置，测量路面材料厚度，检测结构变化等。现在探地雷达的应用已经扩展到检测混凝土中的含水率，水泥水化程度和氯离子的存在等材料性能方面[4]。

5.4 红外成像法检测技术

红外成像无损检测技术是利用被测物体连续辐射红外线的原理，通过测试被测物体表面温度场分布状况形成的热图像，显示被测物体的材料及组成结构。

红外线是介于可见红光与微波之间的电磁波，频率为 $4 \times 10^{14} \sim 4 \times 10^{11}$ Hz，波长范围为 $0.76 \sim 1000 \mu m$。在自然界中任何高于 $-273 ℃$ 的物体都是红外辐射源。红外无损检测就是测量通过物体的热量和热流来鉴定该物体质量的一种方法。当物体内部存在裂缝和缺陷时，它将改变物体的热传导过程，使物体表面温度分布产生变化，利用红外成像的检测仪测量它的不同热辐射就可以查出物体的缺陷位置[5]。

目前，由于红外成像技术具有快速、大面积扫描、直观的优点，可适用于以下七个方面：

（1）建筑物外墙剥离层的检测；

（2）饰面砖粘贴质量大面积安全扫测；

（3）玻璃幕墙、门窗保温隔热性、防渗漏的检测；

（4）墙面、屋面渗漏的检测；

（5）结构混凝土火灾受损、冻融冻坏的红外检测技术；

（6）房屋质量和功能的检查评估；

（7）水利工程面板脱空、混凝土缺陷等检测。

5.5 X射线扫描法

X射线扫描法是根据物体断面的一组射线投影数据，经计算机处理后得到物体断面的图像，从而分析物体相关技术性质和缺陷分布的方法。一般我们采用透射 X 射线获得投影。

射线有两种基本形式，即平行光束和扇形光束，其中平行光束很少用到，而扇形光束相当于点发射，如果几个发射点排列到一起，就会覆盖很大的范围。

X射线扫描法的基本原理是 X 射线穿透物体断面进行旋转扫描，收集 X 射线经某层面不同物质衰减后的信息，经过计算机处理，得出与探测空间内任意点 X 射线吸收系数 μ 直接相关联的参数 H，从而形成物体断层的数字图像。参数 H 的大小与物体的密度密切相关。因此，图像中黑白对比清楚的表面被检测物体的密度分布，包括物体内部的孔洞、裂纹及其他缺陷。目前较为先进的 X 射线扫描法有 X 射线荧光粉法和微生物射线示踪检裂法。

5.5.1 X射线荧光粉法

射线荧光检裂法的测原理是利用射线穿透性对混凝土构件进行，在试过程中遇到检测媒介——X 射线荧光粉会激发其发光，从而 X 射线的能量因被吸收而减小，通过检测媒介的 X 射线强度远小于通过其他区域的射线强度。成像后图上的阴暗区就是内部裂缝轮廓。通过对阴暗区的三视图进行分析可进一步得到裂缝的尺寸和分布情况[6]。

5.5.2　微生物射线示踪检裂法

微生物射线示踪检裂法的原理与 X 射线荧光粉法相似。X 射线荧光粉法的检测媒介是利用纳米材料的生物效应和吸附性将微生物和 X 射线荧光粉有机结合起来，形成一个既可以在 X 射线照射下发光又可以在混凝土裂缝区反重力衍生分布的复合体。微生物起搬运作用，纳米材料起连接作用，X 射线荧光粉充当检测媒介[7]。

5.6　探地雷达

一种广泛被使用的新型电磁无损测量设备为探地雷达（Ground Penetrating Radar，GPR），它的设计初衷是为了勘探地下结构和埋设物。探地雷达方法是通过发射天线向地下发射高频电磁波（30MHz～3GHz），通过接收天线接收反射回地面的电磁波，电磁波在地下介质中传播时遇到存在电性差异的界面时发生反射，根据接收到电磁波的波形、振幅强度和时间的变化特征推断地下介质的空间位置、结构、形态和埋藏深度。第一次使用电磁脉冲来探测地下结构的思路是 Hülsenbeck 在 1926 年的工作中提出的，他指出介电性能不同的介质交界面会引起电磁波的反射[8]，这条结论也成为探地雷达研究领域的一条基本理论依据。

探地雷达的原理是利用一个天线发射高频宽频带电磁波，另一天线接收来自介质界面的反射波。电磁波在介质中传播时，其路径、电磁场强度与波形将随所通过介质的电磁性质及几何形态而变化，因此根据接收到波的发射时间（双程走时）、幅度与波形资料，对介质内部结构进行准确描述。

其主要应用于处理结构中的钢筋定位、定位桥面分层、测量路面层厚度以及其他一些潜在用途。这种基于电磁波传播的无损检测技术具有非破损、简便、快速、便于大面积测试等优点，已在工业与民用建筑、水利、电力等工程建设项目的混凝土质量检测和评价中得到广泛应用，取得了良好的应用效果，并在工程实践中不断总结、完善和提高。

5.7　回弹法

回弹法是用弹簧驱动的弹击锤，通过弹击传力杆，弹击混凝土表面，并测出弹击锤被反弹回来的距离，以回弹值（反弹距离与弹簧初始长度之比）作为与强度相关的指标，来推定混凝土强度的一种方法。回弹法检测混凝土强度因其价格便宜，试验费用低廉，操作简单方便，不受构件形状及部位限制等优点，在国内外工程的质量检验、质量监督、事故处理和工程扩建中得到了广泛的应用。

在目前的工程检测中人们也采用综合法以获取多种物理参量，从不同的角度综合评价混凝土。使用最广泛的是超声回弹综合法，即超声检测法和回弹测量的综合。该综合法能结合超声法和回弹法各自的优点，能减少或抵消一些采用单一方法的影响因素，较为全面地反映混凝土质量，能提高无损检测混凝土的精度。

5.8 本章小结

本章研究和总结了混凝土结构裂缝的无损检测方法。混凝土无损检测利用声、光、热、电、磁和射线等，测定与混凝土力学性能有关的物理量，来推定混凝土的强度、缺陷等。主要介绍了人工检查，混凝土声波检测方法，电磁波方法，红外成像法检测技术，X射线扫描法，探地雷达，回弹试验等方法。总体来说，混凝土无损检测对检测对象不会造成破坏，因此，可用于施工现场，但与常规的标准试块破坏试验方法相比，检测结果受其他因素的影响，检测精度要差一些。

参考文献

[1] Malhotra V. , Carino N. . Handbook on Non destructive Testing of Concrete [M]. 2nd ed. Taylor & Francis, 2004：Chapter 8.

[2] 杨智，张今阳，孔楠楠. 冲击回波法检测混凝土内部缺陷 [J]. 中国建材科技，2013，04：3-5.

[3] 童寿兴，王征，商涛平. 混凝土强度超声波平测法检测技术 [J]. 无损检测，2004，26（4）：24.

[4] 梁飞宇. 应用电磁波探测混凝土管道的空洞缺陷 [D]. 天津：河北工业大学，2014.

[5] McCann D. , Forde M. . Review of NDT methods in the assessment of concrete and masonry structures [J]. NDT & E International, 2001, 34：71-84.

[6] 曹仕秀，韩涛，涂铭旌. LED用绿色荧光粉的研究进展 [J]. 材料导报，2011（09）.

[7] 金星龙，覃春丽，李晓，岳俊杰，汪志荣. 纳米材料的微生物效应研究进展 [J]. 天津理工大学报，2011（12）.

[8] 李嘉，郭成超，王复明，等. 探地雷达应用概述 [J]. 地球物理学进展，2007，22（2）：629-637.

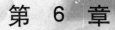

第 6 章

大体积混凝土裂缝处理关键技术

6.1 表面处理

处理的目的是进行缝口封闭，以防止渗漏和钢筋锈蚀。对位于有抗冲耐磨要求的过流面裂缝，表面处理可以增强其抗冲耐磨能力。表面处理的方法包括沿缝口凿槽嵌缝、缝口贴橡皮板和做防渗层，缝口涂刷、贴环氧玻璃丝布、高分子聚合物缝口浸渍等[1]。

6.1.1 缝口凿槽嵌缝

对平面上的表面浅层裂缝常用凿槽法处理，即在裂缝两侧用风镐、风钻或人工将混凝土凿至看不到裂缝为止，对深度小于 20cm 的裂缝，可不再采取其他措施；当缝深超过 20cm，可在槽内铺涂砂浆抹平，表面上再视情况铺设钢筋。缝面凿槽虽然是一种较为简单的方法，但是由于能够消除缝端的应力集中，防止裂缝延伸，因此广泛采用[1]。

6.1.2 铺设钢筋

在缝面上铺设钢筋也是一种简易的裂缝处理方法。铺设钢筋除了用于处理裂缝和防止裂缝发展外，还用于在认为可能产生裂缝的部位以防裂缝的发生，如陡坡、并缝、分缝处。

在已发生裂缝处铺设钢筋，一般放置一层 $\Phi25\sim32mm$ 的钢筋，长度 $500\sim800cm$（大多采用 500cm 长），间距 20cm 左右。重要部位也有铺设两层钢筋的情况。钢筋的直径和长度最好按照裂缝的实际情况配备。

这样符合实际，不致造成浪费，不过会给施工带来麻烦。如果不论什么裂缝一律采用统一规格钢筋，施工简单，但会造成大量钢筋浪费。如葛洲坝一期工程 2 号机组是按时机情况配扎钢筋，规格多达 24 种，而二期工程采用统一规格，直径统一为 $\Phi30mm$ 和 $\Phi32mm$，规格最多（10 号机组）只有 6 种，如果为期工程也按裂缝实际状况配筋，按统计资料计算可少耗 1/4。

裂缝表面铺设骑缝钢筋，是历来沿用的技术措施之一。对于已经冷却到稳定温度的老混凝土面上的裂缝，因为会不发展，一般不采取铺设钢筋的方法，对尚未冷却到稳定温度的混凝土面上的裂缝，通常铺设钢筋，实践证明，铺设钢筋并非是一种完善的措施，只能制止混凝土初期裂缝的增加和延伸，实际上许多裂缝穿过钢筋或绕过钢筋向上延伸。不过裂缝表面铺设骑缝钢筋，对建筑物后期运行的传力和完整性是有利的[2]。

6.1.3 缝口粘贴橡皮板

缝口粘贴橡皮板主要用于处理挡水坝段迎水面裂缝，防渗效果好。由于橡皮弹性好和抗渗性能优越，用于修补尚未稳定的裂缝为宜。常用橡皮板厚 5mm，为粘贴牢固，橡皮表面应先用钢丝刷刷毛或以浓硫酸浸泡腐蚀，进行表面凿毛。

我国许多大坝挡水面裂缝均用此法修补，如东江水电站大坝、紧水滩水电站大坝、葛洲坝工程等。东江水电站大坝上游面防渗层所用橡皮有两种，一种是氯丁橡胶片，另一种是氯化丁基橡胶片。黏合剂为 SH。葛洲坝工程粘贴橡胶皮用黏合剂为环氧材料。

6.1.4　缝口设置防渗层

此法适用于挡水大坝上游面裂缝防渗。如桓仁和丰满大坝上游面的沥青混凝土防渗层等。

丰满大坝坝体存在裂缝等缺陷，渗漏严重，有大量钙质析出，为防止混凝土继续发生渗漏破坏，在上游高程 245～226m 部位外挂 6cm 厚混凝土预制板，内浇沥青混凝土防渗层。预制板留有楔口，现场安装时用锚筋固定。安装前先对坝面的老化破损混凝土进行凿毛处理，然后清理干净，涂抹冷底油过渡层，再浇热沥青混凝土。

桓仁水电站大坝为混凝土大头坝。蓄水前已发现裂缝 2084 条，其中劈头缝 29 条，施工期已发现空腔严重漏水。大坝投入运行后，又发现新裂缝 104 条，其中劈头缝 11 条，裂缝长一般为 15～2m，最长达 46m；裂缝宽度一般 0.5mm，最大宽度 3mm；缝深一般 2～3m，最深达 8m。防渗补强处理于 1983 年开始，分两期进行。第一期处理上游及坝顶裂缝；第二期处理坝面水下部位，底孔坝段等部位。上游面先埋设锚筋，外挂钢筋混凝土预制板，然后在板与坝之间浇筑 10cm 厚沥青混凝土防渗层。锚筋孔深 50cm，以 1∶1 水泥砂浆填孔，同时采用封口楔子固定锚筋，混凝土预制板尺寸为 63cm×203cm×6cm，标号 C25，板的四周设有楔口，便于安装时衔接并防止沥青混凝土泄漏。防渗层形成后，大坝空腔漏水量减少至原漏水量的 25%。坝顶裂缝采用沥青席（即油毛毡）防渗层。现将坝顶疏松层凿除，涂抹清底油，然后铺上沥青席作为防渗层，其上浇筑一层混凝土，以便对沥青席起保护作用。同时，为防止已有裂缝扩展，对大坝空腔进行保温，在原封腔板面铺设厚 15cm 的沥青膨胀珍珠岩，其上再铺设沥青席作防渗层，顶部用 3cm 后钢丝网水泥砂浆保护。

6.1.5　弹性聚氨酯缝口灌注

该方法适用于"活缝"缝口防渗封闭。一般程序是先在缝口凿槽，然后以弹性聚氨酯浆液填灌。葛洲坝二江泄水闸上游防渗板，原设计未设止水，为恢复永久止水，在所有缝口先凿开宽 20cm、深 20cm 的三角形槽，后灌注弹性聚氨酯。三江冲沙闸底板的一条贯穿性裂缝的表面处理亦采用此法进行[1]。

6.1.6　缝口贴玻璃丝布

该方法除用于缝口保护外，还用于嵌缝止漏。一般采用"三液两布"（即三层环氧基液、两层玻璃丝布）的"玻璃钢"，也有采用"两液一布"的，主要取决于要求的高低。

6.1.7　缝口浸渍处理

浸渍是高分子材料复合单体聚合作用，对混凝土表面产生浸渍渗入，强化低强度混凝土表面，同时使表面浅层裂缝的缝口封闭黏合。由于高分子材料浸渍聚合后，具有较高的强度，因此可提高混凝土表面的抗冲耐磨能力。一般浸渍深度为 2～3m。这种护理方法不受季节的限制，但浸渍过程需要干燥环境，不宜在雨天进行。因浸渍时间长，现场操作工艺复杂，造价较高，耗能多，浸渍深度有限，因此尚未被广泛采用[2]。

6.2　灌浆处理

目前对于一般性工程，附属建筑物或比较容易处理的部位，较好的裂缝处理措施是采用高分子聚合物材料，进行灌浆处理，浆液充填在细小的裂缝中固化，与混凝土胶结面产生一定的黏结强度，可以达到恢复建筑物整体性和补强的目的，但这种处理措施唯一的缺点是高分子材料的老化问题。

常用的灌浆处理方法有水泥灌浆和化学灌浆，由于化学灌浆具有水泥灌浆无法比拟的优越性，水泥灌浆已较少应用。

6.2.1　水泥灌浆

由于水泥是一种颗粒性材料，经水搅拌后的水泥浆是一种悬浊液体，在其凝固过程中体积发生收缩，硬化后在缝内会留下一条细缝。较细的裂缝，水泥颗粒无法灌入，故水泥浆仅用于灌注宽度大于等于 2mm 的裂缝。水泥浆的起始水灰比一般采用 1：1～3：1，不宜过稀，因浆液越稀其干缩后产生的缝隙越大。

水泥浆之所以用得比较普遍，主要是因为这种材料比较易取且廉价，适用于大面积处理工作。由于水泥系脆性材料，因此水泥灌浆较适用于"死缝"。又因水泥自身强度较低，灌入裂缝后，在温度应力作用下，反复承受拉力和压力，以致发生解体或被渗水溶蚀。对已灌水泥浆的裂缝，数年后挖开观察，多呈现粉末状，无强度和黏结力可言[3]。

为提高水泥灌浆的可灌性和耐久性，克服水泥浆凝结后体积收缩的缺陷，近年来国内外许多单位进行研究。新安江水电厂所用改性水泥是以 525 普通硅酸盐水泥为基料，按 4：1 的比例参入添加料，经过两个小时的研磨而成，其抗折强度比基料提高了 12.8%，抗压强度提高了 46.9%。法国索博斯坦公司研发的"微溶胶"最大水泥粒径小于 0.01mm。

6.2.2　化学灌浆

化学灌浆是一种真溶液，渗透性好，是当前进行混凝土裂缝灌浆的主要材料。化学灌浆材料品种很多，其中环氧材料是较多应用的补强加固灌浆材料。

环氧浆材力学性能好，但性能脆，只能用以灌注"死缝"。根据列缝灌浆需要，可配置弹性环氧和刚性环氧浆材。由于环氧浆材比重稍大于水，故灌浆中能以浆顶水，灌注有水裂缝。环氧浆材黏度较高，虽掺入稀释剂后，黏度可能降低，但由于受到掺量的限制，浆液黏度仍然偏高，一般用于灌注缝宽大于等于 0.2mm 的裂缝。葛洲坝工程的大多数裂缝以环氧浆液灌注，共耗用浆液 13910L。

甲凝是以甲基丙烯酸为主剂的化学灌浆材料，具有黏度低（低于水），可灌性好的优点，但固化过程中体积收缩较大，比重低于水，不能以浆顶水，对缝宽小的缝灌注效果差，故一般用于灌注大坝迎水面细缝及其他缝宽在 0.2mm 以下裂缝，据现场观察可灌注 0.05mm 的缝。

丙凝浆液及丙凝-水泥混合浆液以丙烯酰胺为主剂的浆液称丙凝浆液。冰凝固化物强度低，一般不宜作为以回复结构整体性为目标的混凝土补强灌浆，但由于其防渗性能好，尤其是凝结速度快并可进行有效的控制，故可作为渗水裂缝堵漏或裂缝缝口防渗用。葛洲坝工程各类廊道的渗水裂缝多灌注丙凝堵漏。为改善丙凝固化物强度不足的弱点，葛洲坝工程曾采用丙凝-水泥混合浆液灌注廊道内部分漏水裂缝[4]。

6.3　抽槽回填混凝土

对于重大工程的主体建筑物，凡是影响大坝整体性或上游面防渗性的贯穿裂缝（包括基础和深层贯穿裂缝），都必须采取工程措施来恢复他的整体性。沿裂缝凿槽回填混凝土，或分块浇筑预留宽缝回填混凝土，都是水利工程上比较常见的一些工程措施。必须指出，不管是凿槽，还是预留槽，关键的问题都是新老混凝土的结合，也即是结合面的黏结强度问题。除了采取降低水泥水化热，控制最高温度，以改进砂浆和混凝土的黏结强度（包括水泥、外加剂的选择，老混凝土面的处理）以外，近年来国内外多采用一种低热膨胀水泥，使混凝土不仅绝热温升低，而且利用混凝土的自生体积膨胀，在结合面产生一定的预压应力，以抵消部分混凝土在降温过程中的收缩变形，以达到凿槽回填或预留槽回填的新老混凝土的结合面黏结紧密，回复其整体性的目的。必须指出，膨胀水泥的自应力，必须在有约束力的条件下，才能出现；而且约束力越大，自应力也越大，抵消降温收缩的效果也越好。

大坝坝体渗漏采用抽槽回填截渗处理多适用于渗漏部位明确且高程较高的均质坝和斜墙坝，回填时库水位必须降至渗漏通道高程以下1m。抽槽范围必须超过渗漏通道高程以下1m和渗漏通道两侧各2m，槽底宽度不小于0.5m，边坡应满足稳定及新旧填土结合的要求，必要时应加支撑，确保施工安全。回填土料应与坝体土料一致；回填土应分层夯实，每层厚度10~15cm，要求压实厚度为填土厚度的2/3；回填土夯实后的干容重不得低于原坝体设计值。

6.4　结构加固法

结构加固法是在结构构件外部或结构裂缝四周浇筑钢筋混凝土围套或包钢筋、型钢龙骨，将结构构件箍紧，以增加结构构件受力面积，提高结构的刚度和承载力的一种结构补强加固方法。这种方法适用于对结构整体性、承载能力有较大影响的深进及贯穿性裂缝的加固处理，常用的方法有以下几种：

6.4.1　加大截面加固法

周围空间尺寸允许的情况下，在结构外侧包钢筋混凝土围套，以增加钢筋和截面，提高承载力，适用于混凝土梁、板、柱等一般结构构件裂缝修补。加固时，原混凝土截面应凿毛洗净，或将主筋凿出，若钢筋锈蚀严重，应打去保护层，清除钢筋的铁锈，增配的钢筋应根据裂缝程度由计算确定，浇筑围套混凝土前，模板与原结构均应充分浇水湿润，然后用细石混凝土浇捣密实并养护[5]。

1. 梁的三面或四面加做围套

此方法适用于梁的刚度、抗弯或抗剪承载力不足且相差较大的情况。其特点是利用加固混凝土的收缩而对原梁产生箍紧作用，使新旧混凝土有较好的整体结合。采用梁的三面或四面加大，做钢筋混凝土围套加固较为适宜。采用四面围套时壁厚应据实际情况而定，一般以两侧大于 50mm，上下大于 100mm 为宜，纵向钢筋及箍筋通过计算确定。当梁受到楼面限制时，可采用三面围套，此时两侧混凝土厚度宜大于 100mm，纵向钢筋可用 Φ25mm 与原梁纵向钢筋焊接固定，施工时在梁两侧板上间隔 500mm 凿洞以浇筑混凝土，箍筋可用开口箍或穿板封闭箍，并经计算确定配筋数量[6]。

2. 梁的单面加大截面法

单面加大截面法分两种，即上面加高或下面加厚。梁的上面加高适用于梁的支座抗弯强度不足的加固，所加混凝土靠焊在原梁上，上部箍筋上的附加箍筋与原混凝土结成整体，上部荷载靠附加纵筋承受。梁的上部加厚，适用于梁跨中抗弯不足加固，当梁截面强度与要求相差不大时，可将梁下加厚 80～100mm，配制新的纵筋与原钢筋焊接，做法同三面围套。当梁的截面下部增加 100mm 以上，按计算配置纵筋和箍筋[6]。

采用围套及单面加厚法加固时，纵筋与支座连接有下述方法：梁支承在柱上时，新加纵筋可通过连接钢板或直接与柱内受力钢筋焊接在一起；梁支承在主梁上时，应在主梁上回设斜托支座，斜托钢筋与主梁中主筋焊接。对于梁的端支座，可将梁内部分纵向钢筋按 45°或 30°角曲折成斜筋焊于主梁内原纵向钢筋上，或另加入浮筋，电焊连接新旧纵筋[6]。

加大截面加固法工艺简单，适用面广，但在一定程度上会减小建筑物的使用空间，增加结构自重，而且在加固钢筋混凝土构件时，现场湿作业的工程量较大，养护期较长，对建筑物的使用有一定影响[5]。

6.4.2　外包钢加固法

采用型钢（一般为角钢）外包于结构构件四角（或两角）将构件箍紧，以防止裂缝的扩大和提高结构的刚度和承载力，适用于在使用上不允许增大原构件截面尺寸，却又要较大幅度地提高截面承载能力的框架梁、柱、牛腿等大型结构及大跨结构的裂缝治理。外包钢加固分湿式和干式两种，湿式要求钢材与原构件之间，采用乳胶水泥、聚合物砂浆或环氧树脂化学灌浆等方法黏结，使新旧材料之间具有良好的协同工作能力；而干式外包钢法钢材与原构件之间没有任何黏结，虽局部存在着机械咬合及摩擦的作用，有时虽填有水泥砂浆，但当荷载达到某一值时，外包型钢与构件之间难以协调变形，不能确保新旧材料协同工作。故采用干式加固时应使钢套箍与混凝土表面紧密接触，以保证共同工作。

外包钢加固法施工简便，现场工作量较小，构件截面尺寸变化不大，重量增加较少，而承载能力提高显著，构件截面的刚度和延性得以改善，还能限制原构件挠度的过快增长[5]。

6.4.3　黏钢加固法

在混凝土构件表面用特制的黏结剂（建筑结构胶）粘贴钢板，以防止裂缝继续扩大，提高结构承载力，适用于治理正常情况下的一般受弯、受拉及中轻级工作制的吊车梁等产生的裂缝。加固时，必须使用强度高、黏结力强、耐老化等性能良好的结构胶，而且要重视黏结施工质量。

黏钢加固法工艺简便，加固施工所需的场地、空间都不很大，而且钢板粘贴到构件上一般 3d 即可受力使用，对生产和生活影响很小；黏钢加固所用的钢板厚度一般为 2~6mm，加固后不影响结构外观，重量增加也不多；加固效果比较明显，不仅补充了原构件的钢筋不足，而且还通过大面积的钢板粘贴，有效保护了原构件的混凝土不再产生裂缝或使已有的裂缝得到控制而不继续扩展，加强了结构的整体性，提高了原构件的承载能力。由于黏钢加固法是一种新技术，在国内推广应用时间不长，黏结理论研究还不成熟，黏结剂的抗老化性能，徐变性对黏结强度的影响，在动荷载作用下黏钢加固的试验及理论分析等问题，都有待进一步的研究[5]。

6.4.4　预应力加固法

采用外加预应力钢拉杆或型钢撑杆，对结构构件或整体进行加固，改变原结构内力分布并降低原结构应力水平，致使一般加固结构中所特有的应力应变现象得以完全消除，减小构件挠度，缩小混凝土构件的裂缝宽度，提高构件承载力，适用于大跨结构，以及采用一般方法无法加固或加固效果很不理想的较高应力应变状态下的大跨结构加固。施工时，预应力拉杆或撑杆的锚固件应用乳胶水泥或铁屑砂浆并通过膨胀螺栓锚固在坚实的混凝土基层上，结合面应进行粗糙和清洁处理，预应力施加方法应根据施工条件及预应力值大小确定[5]。

6.4.5　粘贴纤维复合材料加固法

粘贴纤维复合材料加固法[13]是采用树脂胶结材料将高强度的纤维复合材料粘贴于混凝土表面，通过二者的协同作用达到加固补强、改善结构受力性能的加固方法。

工程应用中，该加固法常用的纤维复合材料主要有碳纤维（CFRP）、玻璃纤维（GFRP）、芳纶纤维（AFRP）等。纤维复合材料的优点较多：材料自重小强度高、几乎不增加结构自重、不影响建筑物的使用功能，且其湿作业少、设计简单、施工快速容易。该方法在钢筋混凝土受弯、受压、大偏心受压及受拉构件的加固中广泛使用，还能在抗剪和抗扭加固中发挥明显作用，已大量运用于加固工程中。

设计时，使纤维受力方式仅为承受拉应力作用。粘贴纤维复合材料加固法缺点在于：①对于已有一定损伤的既有结构而言，该加固法不能解决已有损伤的恢复问题，同时也无法避免加固后二次受力问题的影响；②改善使用阶段性能作用有限；③纤维复合材料的强度与其弹性模量比值比钢筋要大，如要发挥较大的强度，需要较大的变形，故在正常使用状态下 CFRP 的强度利用率很低；④加固所用环氧胶的剪切强度不高，荷载较大时，加固端部剥离破坏和由剪切或弯曲裂缝引起的剥离破坏等早期破坏属于脆性破坏。由于纤维复合材料的化学性能，导致其对外部使用环境要求比较苛刻，防火性能差，不易与相邻构件锚固。目前，针对外贴 FRP 加固法的缺点，出现了体外预应力 CFRP 板加固技术、内嵌 FRP 加固技术等改进方法[7~8]。

碳纤维片材加固的加固机理与黏钢板类似。它是利用树脂胶结材料将碳纤维片材贴于梁的表面，从而提高梁的抗弯和抗剪承载能力，以达到对梁补强加固及改善结构受力性能的目的。若梁上有裂缝应进行灌缝或封闭处理后，才进行粘贴碳纤维片材加固。在梁进行受弯加固时，碳纤维片材应粘贴在受拉区一侧，即梁跨中的下部和连续梁、悬臂梁的上部，纤维方向应与加固的受力方向一致，沿受力筋的方向粘贴[6]。

6.5　混凝土置换法

置换混凝土加固法是剔除原有构件低强度或存在缺陷区域内的混凝土，重新浇筑比原等级混凝土高一级的混凝土进行局部加强，使原有构件承载力得以恢复的一种加固方法，适用于承重构件受压区混凝土偏低或有严重缺陷的梁、柱、墙等混凝土承重构件局部加固[9]。

该加固方式施工简单便捷，置换加固时几乎不增加截面面积，且加固费用适中，能够有效地清理并替换因混凝土材料本身问题或施工管理不当造成的构件缺陷部位，并且不影响构件的耐火性能。但由于湿作业时间较长一定程度上影响了它在工程中的运用。在置换施工过程中应采用可靠的支撑系统，确保在施工过程中的安全，且要求必须确保新旧混凝土界面黏结的强度和可靠性。如采用分批局部置换，必须分析保留部分的承载力，避免薄弱部位的出现，保证施工过程的安全。此外置换深度与后续浇筑方法有很大关系，要给予重视，比如规范规定在人工浇筑时板不应小于 40mm，梁、柱不应小于60mm，因为这样的厚度不能保证振动棒的振捣质量，要保证混凝土密实度比较困难。

施工时为保证加固效果，应彻底清除缺陷混凝土，并保证规则的清除边界，不得出现边界倒角，在剔除缺陷混凝土时应注意保护原有钢筋，不得造成钢筋损伤，如有损伤，应立即补救。旧混凝土表面还应涂刷界面胶，保证新旧混凝土的协同工作。

6.6　仿生自愈法

仿生自愈法是一种新的裂缝处理方法，它模仿生物组织对受创伤部位自动分泌某种物质，而使创伤部位得到愈合的机能，在混凝土的传统组分中加入某些特殊组分（如含黏结剂的液芯纤维或胶囊），在混凝土内部形成智能型仿生自愈合神经网络系统，当混凝土出现裂缝时分泌出部分液芯纤维可使裂缝重新愈合。

众所周知，生物材料（如骨骼）创伤愈合过程是[10]：骨折断裂处血管破裂，血液流出并在裂口处形成血凝块，初步将裂口连接，继而在裂口处形成由新骨组织构成的骨痂。随着骨细胞不断生长而造出新的骨组织，中间骨痂与内外骨痂合并，在成骨细胞和破骨细胞共同作用下将原始骨痂逐渐改选成正常骨。这里的关键是：一旦骨折（创伤发生），血管破裂，源源不断立即流出的血液为此后骨骼愈合提供了基本保证[11]。生物材料的这种自愈合能力若能赋予其他的材料，这显然是一个极其有意义的问题。基于这种理论人们提出了自修复概念，并对其修复机理和材料选择进行开发与研究。

所谓裂缝自修复技术指混凝土在外部或内部条件的作用下，释放或生成新的物质自行封闭、愈合其裂缝。自修复混凝土，是一种具有感知和修复性能的混凝土。从严格意义上来说，应该是一种机敏混凝土。它是混凝土向智能材料发展的一个高级阶段。自修复混凝土，是模仿生物机体受创伤后的再生、恢复机理，采用修复胶黏剂和混凝土材料相复合的方法，对材料损伤破坏具有自修复和再生功能的一种新型复合材料。

修复材料就是智能材料中重要的一类材料。因为随着科学技术的不断进步，各种复合材料被广泛的应用，但在使用过程中在周围环境的影响下不可避免地会产生微裂缝和局部损伤，对于使用在结构中的材料损伤的修复是一个十分重要的问题。由于分层或冲击所导致的宏观破坏能通过肉眼发现并且通过手工修复。如超声波和放射线照相技术等无损检测技术对观察任何内部损伤都是必须的。但是由于这些技术的局限性，诸如对材料的微裂缝等微观范围的损伤有可能不能被探测到。对于那些不能探测到的损伤，修复起来是非常困难的。如果这些损伤部位不能及时进行修复，不但会影响结构的正常使用性能，缩短使用寿命，而且可能由此引发宏观裂缝并出现脆性断裂，最终使其报废[12]。下面介绍几种自修复新技术。

6.6.1　空心光纤

空心光纤是由纤芯、包层和涂敷层组成，是多层介质结构的对称圆柱体，只不过纤芯内部是空心的。正由于纤芯内部是空心的，其表面不具有包层和涂敷层。

分别将胶液和固化剂装入不同的光纤，然后按比例将数根光纤组成一根，将这些组合后的光纤构成自诊断、自修复系统。这样可以保证环氧树脂和固化剂的比例适当，以得到更好的自修复质量。激光管发出的光通过耦合器进入液芯光纤，光纤的出射光由光敏管接收，当结构中有损伤发生时，液芯光纤将断裂或破损，胶液流出，光纤中的光损耗加大，使输出的光信号发生变化。这样，通过数据采集处理系统可以显示出损伤的位置、类型及程度，并且驱动控制电路工作激励相应的形状记忆合金动作。同时，损伤处的液芯光纤中的胶液流出，对损伤处进行自修复。另外，当损伤使光纤断裂或破损时，光纤中的光将发生泄漏，这将在损伤处形成一个光点[13]。

也就是说，当结构因受力和温度变化产生变形或裂缝时，就会引起埋置其中的光纤产生变形，从而导致通过光纤的光在强度、相位、波长及偏振等方面发生变化。根据获取光变化的信息，可确定结构的应力、变形和裂缝，实现结构应力、变形、损伤和裂缝的自监测和自诊断[14]。裂缝的发生可以用埋设在混凝土中光纤光强的变化监测，而裂缝的定位可用多模光纤在裂缝处光强的突然下降或光时域反射仪诊断完成[11]。

胶液的选择是复合材料结构空心光纤自修复网络研究的关键问题之一。在复合材料结构的修复中，经常使用的是一些双组分胶。但是，这些胶大都黏度较大，无法通过内径较小（约 $400\mu m$）的空心光纤传输。一般所选择的胶液有：瞬干胶[9]（A胶，它是一种改性的氰基丙烯酸乙酯胶黏剂，为无色透明的低黏度液体），双组分环氧树脂胶[10]和聚氨酯、丙烯酸酯等修复剂[11]。

6.6.2　自愈合金

在金属基体内部置入金属纤维以模拟血管，金属纤维内部灌有低熔点合金以模拟体液。当此金属材料在使用过程中产生内部裂缝时，将引起金属内部金属纤维的破裂，由于纤维内部灌有低熔点合金，所以此时对零件进行加热（如火焰烘烤），纤维内部的低熔点合金便会熔化流出并填充、焊合裂缝，以达到自愈合的目的[11,15]。

6.6.3　自愈合聚合物

目前对聚合物材料裂缝的修复有非共价键愈合与共价键愈合的三种方法：

1. 利用分子间相互作用的修复

最初，人们是用热板焊接（类似于烙铁）来修复如聚甲基丙烯酸甲酯那样的热塑性聚合物的裂缝。润湿与扩散是修复过程中的两个重要参数，因此修复温度必须超过玻璃化转变温度 T_g。Lin 和 Wang 等用小分子醇增塑热塑性聚合物以降低 T_g，使修复能在较低的温度下实现。此外，Raghavan 等研究了线形聚苯乙烯和交联乙烯基树脂复合材料的修复，发现临界应变在裂缝界面退火后有 1.7% 的回复，这是由线形聚苯乙烯链的贯穿引起的。由此可见，热板焊接修复的机理是界面分子间非共价键相互作用（分子间氢键或链缠结）。这种基于链缠结和氢键的修复没有新的共价键形成，而且要有大量的手工劳动。

2. 利用液芯纤维或微胶囊的修复

对于交联聚合物，由于它们的不溶、不熔性，热板焊接就不能用了。而像电子器件的封状绝缘材料、黏结剂及泡沫材料在高介电损耗的情况往往会开裂损坏。对此，必须另辟新径。人们注意到，人的皮肤划破后，经一段时间会自然长好，修补的天衣无缝；骨头折断后，只要对接好骨缝，断骨也会自动愈合。这是因为生物组织对受创部位自动分泌某种物质进行填充，愈合或局部再生。这些事实启迪了人们探求修复材料内部损伤的构思。模仿自愈合的机理，在聚合物基体中复合有含黏结剂液芯的纤维或胶囊，在树脂基体内部形成智能型仿生自愈合神经网络系统，当材料出现裂缝时，部分液芯的纤维或胶囊破裂，黏结剂液体流出渗入裂缝，使受损区域重新愈合。Dry 为探讨材料裂缝的自修复能力在玻璃微珠填充的环氧树脂复合材料中嵌入长约 10cm、容积 100μL 的空心纤维，修复剂为单组分或双组分的黏合剂。在动态荷载的作用下液芯纤维破裂，适时释放（timed release）黏合剂到裂缝处固化，从而堵满基体裂缝，阻止裂缝的进一步扩张。White 研究了微胶囊修复，材料中嵌有内装修复剂的微胶囊，当产生裂缝时伸展裂缝将导致微胶囊的破裂，其中的修复液被释放并由于毛细管作用流入裂缝中。当修复液与埋在聚合物中的催化剂相遇时，聚合反应被触发，将裂缝两面黏合，从而达到修复效果[11]。

3. 利用热可逆交联反应修复

相比于联合微胶囊技术和活性开环聚合机制也还只有在补加单体的情况下才能重新修复裂缝，Chen 等合成了一种高度交联的真正具有自修复能力的透明聚合物材料，这种材料只要施以简单的热处理就可在要修复的地方形成共价键、并能多次对裂缝进行修复而不需要添加额外的单体。他们以呋喃多聚体和马来酰亚胺多聚体进行 Diels-Alder（DA）热可逆共聚，形成的大分子网络直接由具有可逆性的交联共价键相连，可以通过 DA 逆反应实现热的可逆性。这种材料的机械力学性能与一般的商业树脂如环氧树脂和不饱和聚酯材料相媲美。对缺口冲击产生的裂缝进行简单的热处理后，界面处仅能观察到细微的不完善，修复效率达到 75%[11]。

这种材料的可贵之处在于它无需额外的催化剂、单体分子或其他特殊的表面处理既具有无限的自我修复能力。作为一种新颖的修复方法，它还有一些问题需要完善，如马来酰亚胺单体有色且熔点太高、不溶于呋喃四聚体，需要加快反应速度。此外，该聚合物的使用温度（80～120℃）对于易因热膨胀系数差异产生裂缝的电子封装材料则比较理想，对于许多聚合物的应用则显得过低。尽管如此，在聚合物网络中引入热可逆的共价键仍然为探求材料的修复路径提供了又一思路[11]。

6.7 本章小结

水利工程混凝土裂缝的治理遵循三个原则：①死缝（稳定缝）：刚性材料填充修补；活缝（不稳定缝）：弹性材料填充修补；③增长缝：消除引发裂缝因素。本章从以上三个原则出发，介绍了目前混凝土裂缝检测的主要技术方法。

参考文献

[1] 王志勇. 水工混凝土晚期裂缝处理工艺研究 [D]. 中国海洋大学，2005.

[2] 陈金涛. 水工混凝土的裂缝处理工艺 [J]. 水利电力机械，2007，05：22-23＋36.

[3] 李九红，徐建光，王延斌，邹少君. 混凝土大坝裂缝灌浆处理效果研究 [J]. 水力发电学报，2007，03：63-68.

[4] 陈安新. 混凝土渗漏水裂缝化学灌浆处理与探讨 [J]. 水力发电，2007，06：45-48.

[5] 王炎炎，李振国，罗兴国. 混凝土裂缝的修复技术简述 [J]. 混凝土，2006，3，197.

[6] 郑元猛，赵恒. 钢筋混凝土梁裂缝处理及加固 [J]. 科技信息（学术研究），2008，24.

[7] Motuku, M. and etc. Parametic studies on self-repairing approaches for resin infusion composites subjected to low velocity impact. Smart Material and Structure. 1998：623-638.

[8] 赵晓鹏. 具有自修复行为的智能材料模型 [J]. 材料研究学报，1996，10（1）：101-104.

[9] 何维. 置换法修复混凝土局部缺陷技术研究 [D]. 重庆大学，2015.

[10] 周本濂. 复合材料的仿生研究 [J]. 物理，1995，24（10）：577-582.

[11] 田薇. 基于微胶囊技术的自修复材料的研究 [J]. 纺织工程，2005，1-10.

[12] 张雄，习志臻，王胜先，等. 仿生自愈合混凝土的研究进展 [J]. 混凝土，2001，137（3）：10-13.

[13] 陶宝祺，梁大开，熊克，等. 形状记忆合金增强智能复合材料结构的自诊断、自修复功能的研究 [J]. 航空学报，1998，19（2）：250-252.

[14] 杨大智. 智能材料与智能系统 [J]. 天津大学出版社，2000.

[15] 王国红，王卫林. 自愈合金 [J]. 航空制造工程，1997，6：29-29.

[16] 欧忠文，徐宾士，马世宁，史佩京，丁培道. 磨损部件自修复原理与纳米润滑材料的自修复设计构思 [J]. 表面技术，2001，30（6）：47-53.